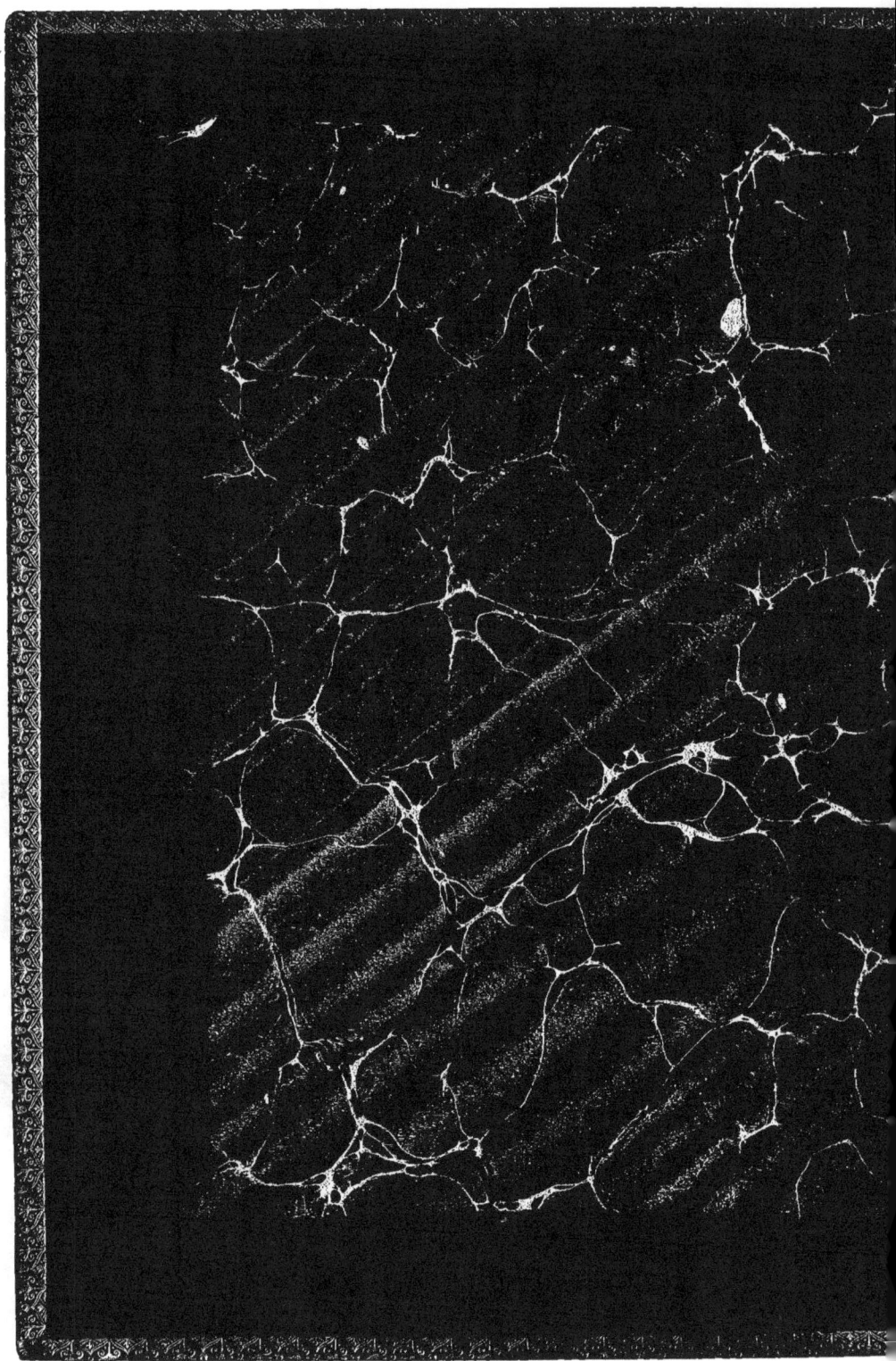

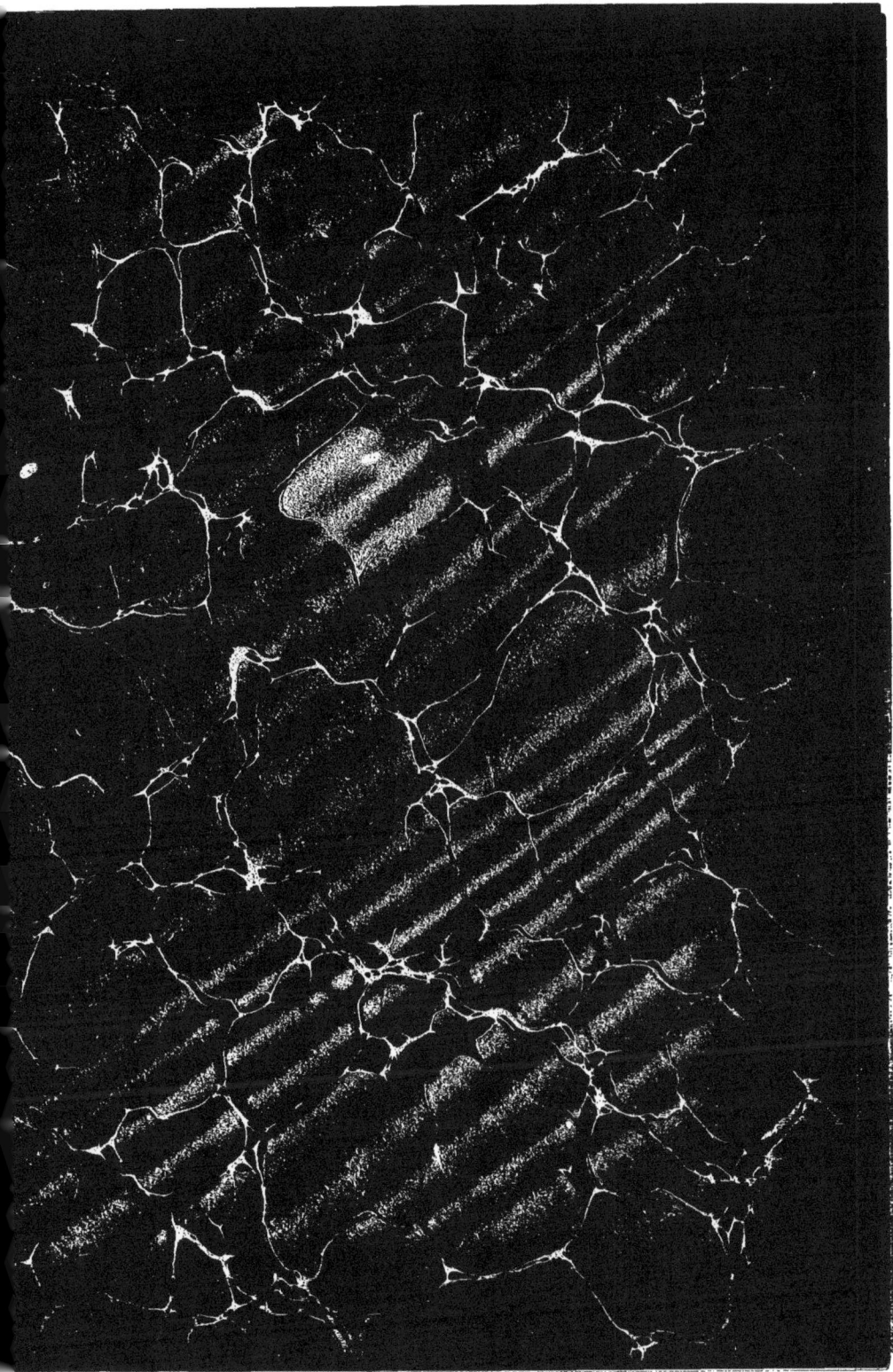

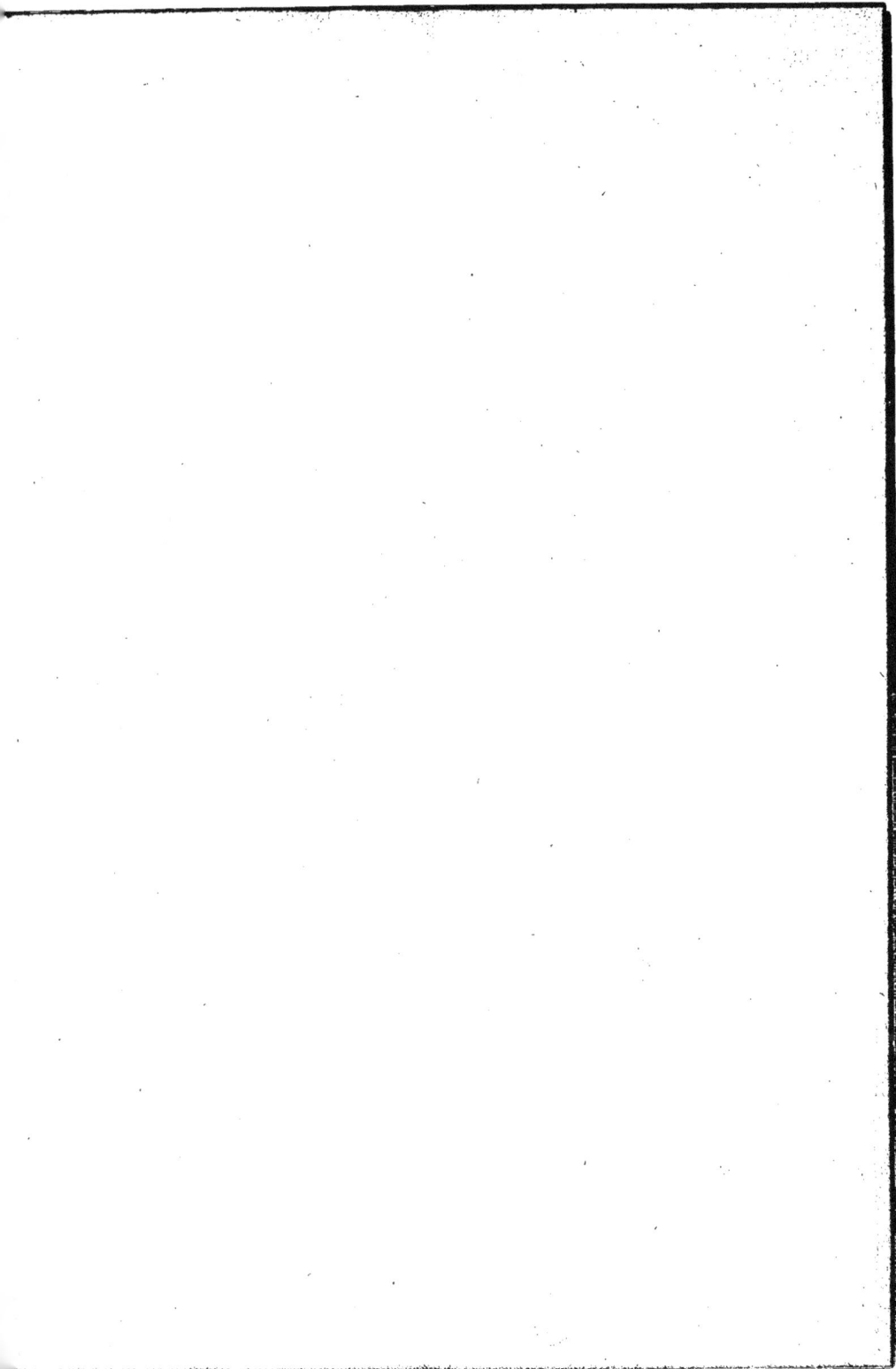

T 25
130

T̄ T̄ 3178.
B.5.

Le texte est en fait in 2 T 3178.
B.1-5.

OEUVRES COMPLÈTES

DE

JOHN HUNTER.

TYPOGRAPHIE DE FIRMIN DIDOT FRÈRES, RUE JACOB, 56.

Lith. par Emile Beau.   Imp. lith. de Fonrouge n.

JOHN HUNTER.

ŒUVRES COMPLÈTES

DE

JOHN HUNTER,

TRADUITES DE L'ANGLAIS SUR L'ÉDITION DU D' J. F. PALMER,

AVEC DES NOTES

PAR

G. RICHELOT,

DOCTEUR EN MÉDECINE DE LA FACULTÉ DE PARIS·

ATLAS.

PARIS,

LABÉ, LIBRAIRE, ANCIENNE MAISON GABON,
RUE DE L'ÉCOLE DE MÉDECINE, N° 10.
FIRMIN DIDOT FRÈRES, LIBRAIRES,
IMPRIMEURS DE L'INSTITUT, RUE JACOB, N° 56.

1839.

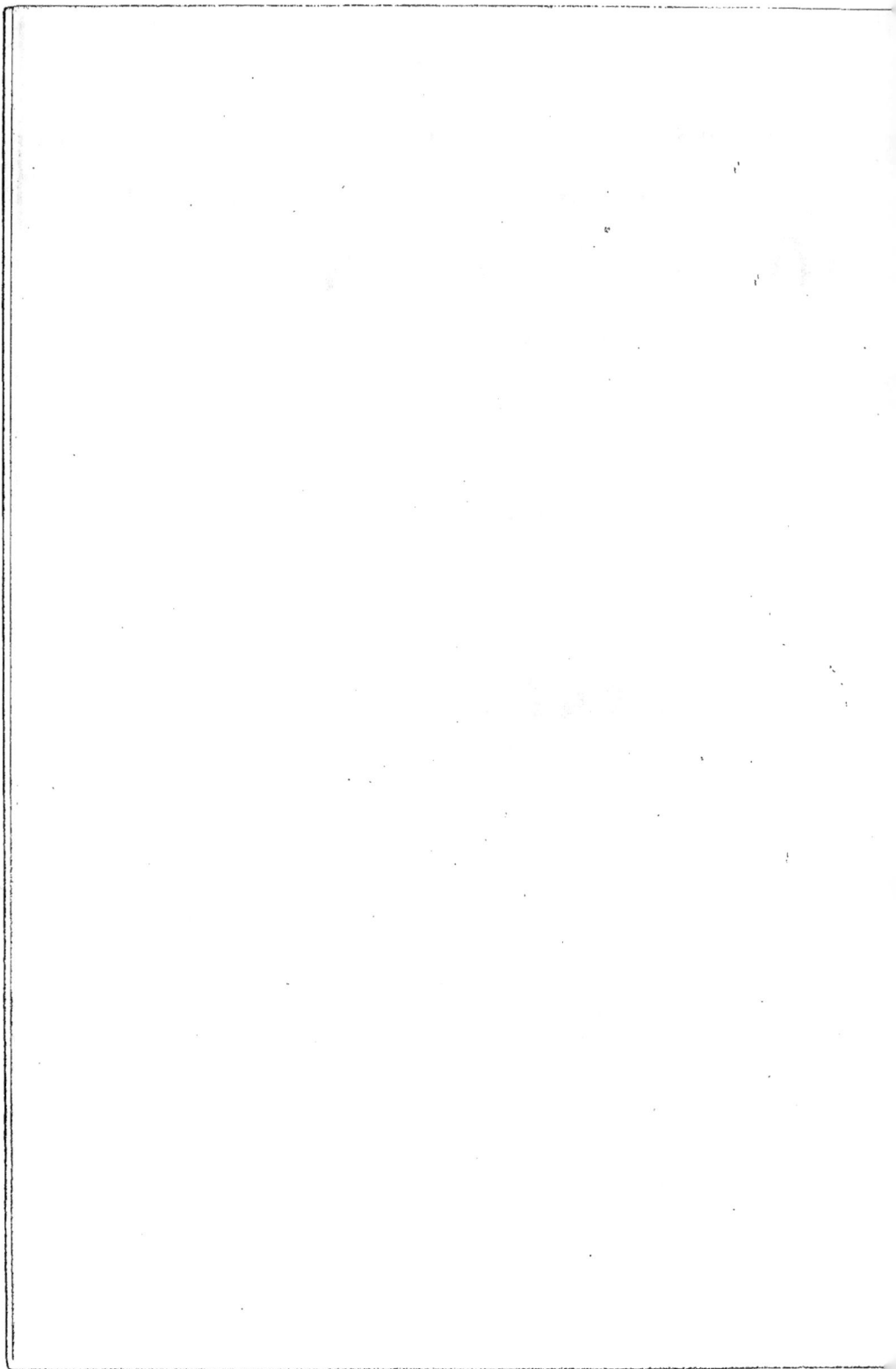

EXPLICATION DES PLANCHES.

PLANCHE I.

g. 1. La mâchoire supérieure privée de ses dents, vue par sa face inférieure. *a a a a a* le côté externe de l'arcade, ou ce qui est appelé communément la lame externe de l'apophyse alvéolaire. *b b b* le côté interne de la même arcade, ou la lame interne. *c c* les dix alvéoles simples, destinées aux incisives, aux cuspidées et aux bicuspidées. *d d* les trois alvéoles doubles, destinées aux molaires ou dents à trois racines; les deux premières ont trois cavités, la dernière n'en a que deux.

. 2. La mâchoire inférieure vue par en haut, de manière à présenter spécialement les alvéoles des dents inférieures. *a* les alvéoles des dix dents à une seule racine. *b* les alvéoles des trois dents à deux racines.

3. L'articulation et les muscles de la mâchoire inférieure, comme exemple de ce qui est dit sur les mouvements de cette dernière, t. II, p. 4. *a* le condyle de la mâchoire inférieure. *b* l'angle de la mâchoire. *c* le cartilage mobile ou inter-articulaire de l'articulation temporo-maxillaire. *d* l'éminence articulaire située au-devant de la cavité glénoïde du temporal. *e* la cavité glénoïde. *f* le conduit auditif externe. *g* la naissance du muscle digastrique, qui descend en avant jusqu'à l'os hyoïde, et vient se fixer derrière la symphyse du menton. *i* les dernières dents molaires (*).

PLANCHE II.

. 1. Face antérieure des deux mâchoires chez l'adulte, avec toutes leurs dents. *a a* la mâchoire supérieure. *b b* la mâchoire inférieure.

. 2. Les mêmes parties vues de côté. *a a* la mâchoire supérieure. *b b* la mâchoire inférieure. *c* son apophyse montante. *d* la base de l'apophyse coronoïde. *e* le condyle de la mâchoire inférieure. *f f f f* les apophyses alvéolaires avec leurs cannelures (**).

PLANCHE III.

. 1. La face inférieure de la mâchoire supérieure garnie de toutes ses dents; cette figure est destinée à faire voir les bords tranchants et les surfaces triturantes des dents supérieures. *a a a a* les quatre incisives. *b b* les deux cuspidées. *c c* les quatre bicuspidées. *d d* les six molaires.

. 2. La face supérieure de la mâchoire inférieure, garnie de toutes ses dents, présentant les bords tranchants et les surfaces de broiement des dents de cette mâchoire, les apophyses coronoïdes et les condyles articulaires. *a* les quatre incisives. *b b* les deux cuspidées. *c c* les quatre bicuspidées. *d d* les six molaires. *e e* les apophyses coronoïdes. *f f* les condyles.

. 3. Le cartilage mobile de l'articulation temporo-maxillaire vu de profil. *a* sa face convexe ou supérieure, qui répond à la cavité glénoïde. — Sa face concave ou inférieure répond au condyle.

---

*) Dans l'édition anglaise, les trois figures qui composent la planche I n'offrent qu'une imitation grossière et inexacte de la nature, le travail en est si imparfait qu'il était impossible de les copier. La figure 3, en particulier, est tellement confuse, qu'on a ucoup de peine à reconnaître les parties qu'elle est censée représenter. J'ai donc disséqué avec soin le muscle digastrique et parties qui l'avoisinent, et M. Émile Beau a représenté cette pièce d'après nature, ainsi que les deux autres figures de cette nche.   G. RICHELOT.

**) Ce que j'ai dit de la planche I de l'édition anglaise s'applique également à la planche II. La figure 2 de cette dernière n'offre que qu'une masse informe tout à fait digne de l'enfance de l'art iconographique. J'ai dû faire dessiner d'après nature les figures cette planche.   G. R.

Fig. 4. Les deux mâchoires vues de côté. La lame externe des apophyses alvéolaires a été enlevée, afin de met à découvert les racines des dents (*).

PLANCHE IV.

Cette planche représente les os de la face et une partie de la tête d'une très-vieille femme qui avait perdu tou ses dents longtemps avant sa mort. La totalité des apophyses alvéolaires était détruite dans les deux mâchoir d'où il résultait que dans l'occlusion de la bouche, la mâchoire inférieure s'élevait à plus de deux pouces dessus de sa position ordinaire, avant que les gencives des deux mâchoires fussent en contact. Par suite de ce élévation anormale de la mâchoire inférieure, le menton était porté à la hauteur de l'articulation temporo-ma laire et faisait une saillie considérable au-devant de la mâchoire supérieure (**).

PLANCHE V.

Fig. 1. Cette figure, qui se compose de quatre rangées, représente les dents de chaque mâchoire d'un côté, h de leurs alvéoles, afin qu'on puisse les voir dans toute leur étendue. La rangée 1 représente les huit dents la mâchoire supérieure vues par leur face extérieure. La rangée 2 représente les huit dents de la mâch inférieure vues également par leur face extérieure : les cinq qui n'ont qu'une racine sont semblables aux c respondantes supérieures; mais les molaires de cette seconde rangée n'ont que deux racines. *a a* les incisi *b* les cuspidées. *c c* les bicuspidées. *d d* les deux premières molaires. *e* la troisième molaire, ou dent sagesse. — La rangée 3 et la rangée 4 représentent les mêmes dents vues par leur côté; on voit que, d cette position, les incisives et les cuspidées s'éloignent plus que les bicuspidées et les molaires, de l'asp qu'elles offrent dans les deux premières rangées. Dans la rangée 3 : *a a* les deux incisives de la mâchoire su rieure, avec leur corps excavé aux dépens de leur face intérieure ou postérieure. *b* la cuspidée, offran même disposition. *c c* les deux bicuspidées, dont la base est armée de trois pointes; la première a une rac bifurquée.

Fig. 2 à 7. La cavité interne des dents molaires, bicuspidées, cuspidées et incisives.

Fig. 8. Une molaire de la mâchoire inférieure, à laquelle une partie des racines a été enlevée par un trait de afin de montrer la réunion des parois de la cavité de chaque racine, qui se trouve ainsi divisée en deux can Les orifices de ces canaux sont indiqués par quatre points noirs.

Fig. 9 et 10. La cavité du corps des molaires mise à découvert au moyen d'une section transversale de la den

Fig. 11 et 12. La même cavité ouverte par une section longitudinale.

Fig. 13. La base d'une molaire dont les pointes ont été usées de manière à mettre à nu la substance osseuse qu prolongeait dans ces pointes.

Fig. 14. Une molaire dont la substance osseuse est entièrement mise à nu, de manière qu'il ne reste plus qu lame d'émail qui entoure les parties latérales de la dent.

Fig. 15 et 16. Section longitudinale d'une molaire et d'une bicuspidée, pour montrer l'émail qui les recouvr

Fig. 17. Une cuspidée dont la couronne est usée au point que la substance osseuse est mise à nu, et qu'il ne d'émail qu'à l'entour des parties latérales de la dent.

Fig. 18. Section antéro-postérieure d'une incisive, pour montrer la couche d'émail qui recouvre le corps d dent, et qui s'étend plus loin sur la face convexe que sur la face concave.

Fig. 19. Une incisive dans les mêmes conditions que la cuspidée de la *fig.* 17.

Fig. 20. Une dent de cheval divisée suivant sa longueur, afin de montrer le mélange de l'émail avec la por osseuse dans toute la longueur de la dent. L'émail est représenté par les lignes blanches, qui sont penn mes et indiquent la texture striée de l'émail.

Fig. 21. La surface triturante d'une molaire de cheval, présentant le trajet irrégulier de l'émail.

Fig. 22. Section antéro-postérieure d'une incisive, avec grossissement, pour montrer la disposition striée de l'én et la direction de ses stries vers le centre de la dent.

Fig. 23. Une dent molaire dans les mêmes conditions.

(*) Mêmes remarques pour cette planche, dont toutes les figures ont été refaites d'après nature.

G. R.

(**) J'ai eu à faire corriger ici des fautes grossières de dessin qui dénaturaient l'aspect général de cette figure.   G. R.

g. 24. La base d'une molaire qui a été brisée en travers afin de faire voir les stries de l'émail qui existent également sous cet aspect, et qui se dirigent toujours vers la partie centrale de la dent. Il faut que la dent ait été brisée pour que ces stries soient rendues apparentes de cette manière.

g. 25. Une vieille dent dont la base a été usée jusqu'au delà du fond de la cavité de son corps; la cavité s'est oblitérée, en proportion de l'usure, par une nouvelle substance qui a empêché qu'elle ne fût exposée au contact de l'air ; cette substance nouvelle est d'une couleur plus foncée que le reste de la dent, ainsi qu'on le voit sur la figure.

g. 26. Une autre dent dans la même condition (*).

PLANCHE VI.

g. 1 à 10. Le développement graduel des deux mâchoires, et principalement des apophyses alvéolaires.

Fig. 1 et 2. La mâchoire inférieure et la mâchoire supérieure d'un fœtus d'environ trois mois, offrant la gouttière qui, plus tard, formera les alvéoles.

Fig. 3 et 4. Mâchoire supérieure et mâchoire inférieure d'un fœtus d'environ six mois. *a a* des cloisons qui forment déjà des cellules distinctes.

Fig. 5 et 6. La mâchoire supérieure et la mâchoire inférieure d'un enfant nouveau-né, offrant les cloisons à un état plus avancé de développement.

Fig. 7. La mâchoire inférieure d'un enfant de sept à huit mois dont les deux premières incisives avaient percé la gencive. Cette figure présente les alvéoles de six dents de chaque côté. Les orifices des alvéoles sont resserrés sur les dents, surtout sur les molaires, qui ne se sont pas encore frayé un passage.

Fig. 8. Esquisse d'un os maxillaire supérieur du côté gauche, où la cuspidée de ce côté s'était développée en un point tellement élevé, qu'elle n'avait jamais percé la gencive. On aperçoit la dent qui est logée en entier dans l'os maxillaire et dans l'apophyse alvéolaire.

Fig. 9. Esquisse de la mâchoire supérieure d'un enfant dont la cuspidée était renversée de manière que sa pointe était tournée du côté de la mâchoire, et son extrémité béante du côté de la gencive.

Fig. 10. Esquisse de la mâchoire inférieure d'un enfant, pour montrer que les condyles sont alors à peu près sur la même ligne que les gencives.

. 11. Vue latérale des deux mâchoires chez un sujet d'environ huit à neuf ans, dont les incisives et les cuspidées de lait étaient tombées, tandis que les mêmes dents permanentes se développaient dans leurs nouvelles alvéoles. On voit en place les deux molaires de la première dentition, et au-dessous d'elles les bicuspidées qui se forment. Les molaires permanentes sont prêtes à percer la gencive ; la seconde molaire de la mâchoire inférieure est logée dans la base de l'apophyse coronoïde ; celle de la mâchoire supérieure occupe la tubérosité maxillaire.

. 12. Une portion de mâchoire inférieure divisée d'avant en arrière dans la symphyse. L'incisive de lait est située dans son alvéole, et la dent permanente correspondante se développe au-dessous, dans une alvéole distincte.

13. Une autre coupe de la même mâchoire, pour faire voir que les bicuspidées sont formées dans des alvéoles distinctes qui leur sont propres, et non dans l'alvéole de la molaire située au-dessus (**).

PLANCHE VII.

. 1. Les cinq dents qui occupent chaque côté des deux mâchoires d'un fœtus de sept ou huit mois, indiquant les progrès de l'ossification, de la première incisive à la seconde molaire.

*) Toutes les figures de cette planche ont été dessinées d'après celles de la planche anglaise pour les contours qui ne laissent à désirer, mais le fond du travail a été complétement changé, et elles ont toutes été achevées d'après nature. Ainsi, l'aspect tissu des dents a été mieux indiqué, la différence qui existe entre l'émail et l'ivoire a été exprimée d'une manière plus nette plus évidente, etc. G. R.

**) Dans cette planche, les rectifications principales ont porté sur la figure 11, qui, dans la planche anglaise, est confuse, xacte et difficile à comprendre ; cette figure a été dessinée d'après nature par M. Émile Beau, ainsi que les figures 8, 9 et 10. figures 1, 2, 3, 4, 5 et 6, dans l'original, ressemblent plutôt à des morceaux de papier chiffonné qu'à des os maxillaires : Émile Beau les a rectifiées d'après nature. La figure 7 a été corrigée de même dans plusieurs points de détail. G. R.

Fig. 2. Les mêmes dents, un peu plus avancées.

Fig. 3. Les dents d'un enfant de huit ou neuf mois, offrant les dents temporaires à un état plus avancé, et la première molaire permanente. Les incisives et une cuspidée de la seconde dentition ont commencé à se former.

Fig. 4. Les dents d'un côté des deux mâchoires, chez un enfant de cinq ou six ans. *B* à *B*, *C* à *C* les dents temporaires presque complétement formées. *A* et *D* quatre dents supérieures et trois dents inférieures de la seconde
dentition, qui apparaissent à la racine de celles de la première. *E E* le corps de la première molaire permanente presque entièrement formé.

Fig. 5. Les dents d'un enfant de sept ans. C'est l'âge de la vie où il y a le plus de dents formées et en voie de se
former. *B C C C* les dix dents temporaires complètes. *A D* dix dents incomplètes qui doivent leur succéder.
E E deux molaires permanentes qui complètent vingt-deux dents de chaque côté, de sorte qu'il y a en tout
alors, quarante-quatre dents. *a a a a* les racines des dents de lait, qui commencent à s'user à leur pointe.

Fig. 6. Les dents d'un enfant de huit ou neuf ans, destinées à montrer principalement les progrès de la seconde
dentition et le commencement de la destruction des dents de la première. *A A* les premières incisives de
seconde dentition. *B* la seconde incisive. *C* la cuspidée. *D E* les bicuspidées. *F G* les deux premières molaires. *a b* les incisives temporaires, dont la première, à la mâchoire inférieure, est déjà tombée. *c* la cuspidée.
d e les molaires temporaires.

Fig. 7. Les dents d'un enfant de onze à douze ans, indiquant les progrès ultérieurs des dents de la seconde dentition vers leur état de perfection, et la destruction de plus en plus complète de celles de la première. *a a a*
les incisives de la seconde dentition, qui ont toutes percé la gencive. *b b* la base ou couronne de la troisième
molaire, ou dent de sagesse. *c c* les molaires restantes de la première dentition, dont les racines sont usées
en partie. *d d* les deux premières molaires de la seconde dentition, assez avancées pour avoir percé les gencives (*).

PLANCHE VIII.

Fig. 1 et 2. La mâchoire inférieure et la mâchoire supérieure d'un fœtus, auxquelles on a enlevé la gencive et
une lame osseuse, afin de mettre à découvert la membrane qui renferme les dents.

Fig. 3. La mâchoire inférieure d'un enfant nouveau-né. On a ouvert la membrane indiquée ci-dessus, pour faire
voir les dents qu'elle enveloppait. On a mis à découvert, en renversant la membrane, les vaisseaux qui se
ramifient à sa surface interne.

Fig. 4. Le fragment de mâchoire qui contient la cuspidée : la gencive recouvre l'os. La pièce est présentée avec
un certain grossissement. La membrane est ouverte et renversée côté et en avant. La partie supérieure de la pulpe est recouverte par sa coque osseuse, ce que l'on reconnaît à l'absence des vaisseaux dans
cet endroit.

Fig. 5 et 6. La pulpe d'une cuspidée et celle d'une molaire, avec grossissement. Les écailles d'ossification ont été
enlevées, afin de faire voir que la pulpe des dents a la même forme que la dent qui se forme sur elle. L'ossification s'étendait jusqu'au niveau de l'endroit où cessent les vaisseaux ; ce qui prouve que la pulpe est plus
vasculaire dans les points où l'ossification s'opère que dans tous les autres. On voit, au-dessous des pulpes,
les bords renversés et déchirés des deux capsules.

Fig. 7. Une molaire de la mâchoire inférieure, qui a été sciée longitudinalement, de manière qu'on pût voir les
deux cavités ou canaux conduisant dans le corps de la dent, au niveau duquel elles se réunissent pour former une cavité unique carrée. Dans ces deux canaux on voit deux artères qui se rendent à la cavité commune et s'y ramifient. Les veines ne sont pas injectées. La pièce est notablement grossie. On peut voir au
corps de la dent l'indication d'un grand nombre de couches qui viennent se perdre à son pourtour.

Fig. 8. Une incisive préparée et grossie de la même manière, et offrant les mêmes particularités.

Fig. 9. Le germe d'une incisive temporaire de la mâchoire inférieure ; on en voit naître celui de la dent permanente qui doit lui succéder.

Fig. 10. Les mêmes germes à un état plus avancé ; la dent permanente, bien qu'attachée encore à la dent temporaire, est renfermée dans son alvéole propre.

Fig. 11. Connexion qui existe entre la dent temporaire et le germe de la dent permanente, après que la première
a percé la gencive.

(*) Mêmes remarques que pour la planche V.   G. R.

ig. 12. Une moitié de la mâchoire inférieure après l'éruption complète des dents temporaires. Cette figure a pour objet de faire connaître la position relative des dents temporaires et des germes des dents permanentes à cette époque.

ig. 13 (composée des deux rangées supérieures). Cette figure est destinée à faire connaître le développement et la cavité des racines des molaires. La rangée supérieure est composée par les dents de la mâchoire inférieure, et la seconde rangée par celles de la mâchoire supérieure. *A*, *A*, *a*, *a*, la cavité commune du corps de la dent, qui est plus profonde dans les secondes *a*, *a*, que dans les premières. *B* présente l'arcade osseuse qui divise l'ouverture de la cavité dentaire en deux orifices qui donnent naissance aux deux racines. *C*, *D*, *E* font voir le développement de ces racines. *F* est une molaire de la mâchoire supérieure; le pourtour de sa cavité offre une triple saillie en dedans, et sert de base à trois ossifications distinctes. *G* présente ces ossifications et l'origine des trois racines. *H*, *I*, *K* offrent le développement graduel de ces trois racines.

ig. 14 (composée des deux rangées situées au-dessous de la *fig.* 13). Parallèle entre les incisives et les molaires chez l'enfant et les mêmes dents chez l'adulte. Ces dents ont été sciées suivant leur axe, afin qu'on puisse mieux voir latéralement leur accroissement graduel. La rangée supérieure appartient à l'enfant, l'inférieure à l'adulte. *a*, *b*, *c*, *d* offrent l'accroissement graduel du corps, des racines et de la cavité des incisives des deux dentitions; *e*, *f*, *g* font voir la même chose pour les molaires.

ig. 15 (composée de la rangée située au-dessous de la *fig.* 14). L'accroissement graduel d'une dent à racine simple, depuis le moment où elle commence à se former jusqu'à l'époque de son développement complet.

ig. 16 (la rangée située au-dessous de la précédente). Une série de molaires de la première dentition, depuis leur état de développement complet jusqu'à leur destruction la plus avancée. *a*, est une molaire de la mâchoire supérieure à peu près complète, dont les trois racines sont presque entièrement formées; *b*, a perdu par l'absorption une partie de ses racines; *c*, en a perdu davantage; *d*, encore davantage; *e*, n'en présente plus qu'une petite partie, et *f* n'en offre plus aucune trace; il ne lui reste que le collet et le corps.

ig. 17 (la dernière rangée). Une série d'incisives dans les mêmes conditions. 1 est une dent complétement développée; 2 est une dent dont la racine commence à se détruire; 3, la destruction est plus avancée; 4, encore davantage; 5, la racine est presque entièrement détruite; 6, la racine est entièrement détruite; il ne reste plus que le collet et le corps de la dent.

ig. 18. Une dent de cheval qui était sur le point de tomber. Les trois portions qui font saillie supérieurement embrassaient l'extrémité de la nouvelle dent. Cette figure représente tout ce qui restait d'une longue dent (*).

PLANCHE IX.

ig. 1. Une verge incisée suivant sa longueur, afin de faire voir un rétrécissement du canal de l'urètre à environ deux pouces du gland. Le rétrécissement est peu considérable. *A A* la surface de section du corps spongieux de l'urètre. *B B* le canal de l'urètre, à la surface duquel on peut voir les orifices des lacunes. *C* le rétrécissement.

ig. 2. Une verge incisée longitudinalement dans l'étendue de trois pouces. On aperçoit les lacunes, qui deviennent parfois un obstacle à l'introduction des bougies. *A A* surface de section du corps spongieux de l'urètre. *B B* surface interne de l'urètre, présentant les orifices des lacunes. *C* une soie de sanglier introduite dans une lacune. *D* l'extrémité d'une bougie introduite dans la partie du canal de l'urètre qui n'a pas été ouverte.

PLANCHE X.

Le canal de l'urètre a été ouvert dans deux endroits; une des deux incisions a été pratiquée au-devant du rétrécissement et l'autre en arrière. L'incision antérieure occupe le corps de la verge; l'incision postérieure a été pratiquée à la face antérieure de la portion membraneuse; une bougie a été passée d'une incision à l'autre. *A A* les racines de la verge et la partie bulbeuse de l'urètre, transformées en une masse commune par l'inflammation, et par la suppuration qui s'est établie en plusieurs points. *B B* la prostate dans un état morbide. *C C* surface de section des parois de la vessie. *D* le canal de l'urètre en arrière du rétrécissement. En ce point, il avait subi une grande dilatation, et l'ulcération avait rendu sa surface très-inégale. *E E* surface de section des corps caverneux.

(*) Mêmes remarques que pour les planches 5 et 7. Les figures 1 et 2 surtout, qui sont informes dans l'original, ont été rectifiées d'après nature.

G. R.

2

FF surface de section du corps spongieux de l'urètre. *G G* bougie se dirigeant de la partie saine à la partie malade de l'urètre. *H* petite bougie introduite dans une fausse route.

PLANCHE XI.

Deux porte-caustique pour la cautérisation des rétrécissements de l'urètre.

Fig. 1. Sonde droite en argent, dont l'obturateur fait saillie à l'une des extrémités de manière à lui donner une forme arrondie; à l'autre extrémité du mandrin est un petit porte-crayon armé d'un morceau de caustique.

Fig. 2. Sonde flexible pour la cautérisation des rétrécissements qui occupent la portion courbe du canal de l'urètre. Le mandrin à porte-crayon a été poussé de manière à sortir par l'extrémité de la sonde.

Fig. 3. Mandrin en argent terminé par une extrémité renflée ou obturateur, destiné à être placé dans la sonde comme on le voit à la *fig.* 1.

PLANCHE XII.

Cette planche offre la vessie et la verge d'un malade qui a succombé à une gangrène de la vessie, suite d'un rétrécissement de l'urètre et de la présence d'un calcul dans ce canal. On a représenté non-seulement le rétrécissement de l'urètre, mais encore les parois épaissies et la surface interne fasciculée de la vessie, ainsi que le petit calcul qui agissait à la manière d'une soupape. Une sonde a été introduite dans l'urètre jusqu'au rétrécissement pour démontrer la possibilité de détruire ce dernier au moyen de la cautérisation. *A A* la vessie incisée afin de faire voir l'épaississement de ses parois, et la disposition fasciculée de sa surface interne. *B* le corps de la verge. *C C* le corps spongieux de l'urètre, divisé dans toute sa longueur pour mettre le canal à découvert. *D* la prostate divisée. *E* sonde en argent placée dans le canal de l'urètre, et dans l'intérieur de laquelle le caustique peut être porté jusqu'au rétrécissement. *F* le rétrécissement, et le calcul qui s'opposait entièrement au passage de l'urine.

PLANCHE XIII.

Développement anormal de la prostate, et principalement du prolongement valvulaire qui s'est accru vers la cavité vésicale de manière à former une tumeur au dedans de la vessie. La présence de cette tumeur gênait considérablement le passage de l'urine, et, par suite, les parois de la vessie ont acquis une épaisseur anormale. *A* prostate. *B* la portion saillante au dedans de la vessie. *C C* une soie de sanglier qui a été introduite dans l'urètre pour indiquer la présence de ce canal au-devant de la tumeur. *D* surface de section des parois de la vessie qui ont été divisées afin d'en faire voir l'épaississement(*).

PLANCHE XIV.

Un rein dont les uretères, le bassinet et les calices ont subi une dilatation considérable par suite d'un rétrécissement de l'urètre. *A* la substance du rein qui est devenue très-mince. *BB* les calices dilatés. *C* le bassinet agrandi. *D* l'uretère présentant plus de dix fois son volume ordinaire.

PLANCHE XV.

Développement morbide du prolongement valvulaire de la vessie (luette vésicale), qui a subi un tel accroissement qu'il forme une tumeur considérable faisant saillie dans la cavité de la vessie. La prostate est augmentée de volume également. La tumeur avait donné lieu à plusieurs suppressions d'urine très-graves, et avait fait échouer souvent le cathétérisme, probablement parce que l'instrument s'enfonçait dans le tissu de la tumeur, et que l'urine ne pouvait s'engager dans ses orifices qui se trouvaient ainsi oblitérés. La ligne noire qui sillonne la tumeur, à partir du canal de l'urètre, indique probablement une déchirure qui aura été faite de cette manière, et dont les bords se sont affaissés. *A A* surfaces de section de la prostate. *B B* faces internes de la prostate faisant saillie en dedans. *C* la tumeur. *D* la cavité de la vessie(**).

(*) Dans l'édition anglaise la figure de cette planche est placée sens dessus dessous; la prostate est en haut et le sommet de la vessie en bas. Je l'ai fait représenter ici dans sa position naturelle. G. R.

(**) Même remarque que pour la planche 13. G. R.

PLANCHE XVI.

Cette planche représente l'embryon du poulet dans l'œuf soumis à l'incubation, à trois époques différentes de
a formation, en commençant à celle où une organisation distincte peut être constatée pour la première fois. Les
réparations sur lesquelles ces figures ont été dessinées font partie d'une série complète qui appartient à la collec-
on huntérienne d'anatomie comparée. Elles sont destinées à démontrer deux faits qui sont exposés dans le texte
e Hunter, savoir, que le sang est formé avant les vaisseaux, et que ceux-ci apparaissent après sa coagulation; que
uand il se forme des vaisseaux nouveaux dans une partie, ils ne sont pas toujours un prolongement des vais-
eaux primitifs, mais souvent des vaisseaux de nouvelle formation qui ensuite se mettent en communication avec
ux qui existaient déjà.

ig. 1. Dans cette figure, les seules parties qui soient formées distinctement sont deux vaisseaux sanguins. De
chaque côté de ces vaisseaux est une rangée de petits grains de sang coagulé, qui sont destinés à devenir des
vaisseaux sanguins.

ig. 2. Le développement de l'embryon est plus avancé; on voit des vaisseaux qui naissent spontanément en différents points de la membrane, et les petits caillots d'où ils tirent leur origine sont très-évidents dans plusieurs
endroits.

ig. 3. Le nombre des vaisseaux sanguins s'est accru considérablement; ces vaisseaux forment un système régu-
lier, qui se compose de gros troncs et d'un grand nombre de ramifications qui en naissent(*).

___

(*) Ces figures ont été choisies par Hunter, dans l'intention qui vient d'être indiquée, au milieu d'une longue série de dessins qui
présentent l'embryon de l'oie à diverses époques de son développement, et dont il n'a laissé aucune description détaillée, mais
ulement un compte rendu général. Les explications qu'on vient de lire ci-dessus ont été ajoutées sans aucun doute par l'éditeur de
première édition du Traité du sang. Ce qui prouve qu'elles ne sont point de Hunter lui-même, c'est que dans la série en question
y a plus de dix figures qui présentent autant d'époques du développement de l'embryon *moins avancées* que celle qui est indiquée
ans la fig. 1, et offrent cependant une organisation visible et distincte. Après avoir comparé ces figures avec l'embryon du poulet
celui de l'émeu aux périodes correspondantes de leur formation, je crois pouvoir proposer l'explication suivante. A l'époque
présentée dans la fig. 1, le sang rouge n'est point formé, et, bien que le cœur batte, *il ne renferme alors qu'un liquide transparent
térieur à la formation de tout globule rouge*, ainsi que Hunter l'a fait remarquer avec raison (t. 3, *Traité du sang*, § 4).
e liquide incolore qui circule à cette époque, où le poulet peut être comparé aux animaux invertébrés à sang blanc, n'est cepen-
nt point entièrement composé, comme Hunter le suppose, de sérosité et de lymphe, mais contient plusieurs globules incolores,
us petits que les disques sanguins rouges de l'oiseau arrivé à son développement complet, et qui présentent, sous un très-fort
rossissement, une structure granuleuse comme les noyaux incolores des disques sanguins. Toutefois, en même temps que l'embryon
résente ainsi une analogie avec les animaux à sang blanc quant à la nature du liquide qui circule dans son économie, il manifeste
cette époque, et même antérieurement, les caractères essentiels de la grande division du règne animal à laquelle il appartient.
a rangée de petits corps que l'on voit de chaque côté des deux lignes blanches longitudinales, sont les cartilages primitifs dans
squels commence l'ossification des vertèbres ; les lignes elles-mêmes sont les replis de la couche séreuse de la membrane ger-
inale qui renferme les rudiments de la moelle épinière et du cerveau. Les trois divisions de cet appareil nerveux, savoir, la
oelle allongée, les lobes optiques et les hémisphères cérébraux, sont indiquées par les dilatations qui se succèdent d'arrière en
aut, vers l'extrémité antérieure ou supérieure de l'embryon. La ligne blanche demi-circulaire qui entoure la tête rudimentaire,
t le repli de la couche séreuse de la membrane germinale, qui forme la circonférence de la dépression du jaune dans laquelle
tête commence à s'enfoncer. Ce repli descend ensuite sur la face dorsale de l'embryon, et forme l'amnios. Le bord concave
ce repli ainsi descendant est légèrement indiqué auprès de la partie inférieure et dilatée de l'embryon, dans la figure 3. La
illie située au côté droit de l'embryon (qu'on voit par derrière), vis-à-vis du second renflement cérébral, est le *punctum saliens*. On
peut guère douter que Hunter n'ait voulu représenter dans cette figure l'époque où du sang incolore est en circulation, ainsi
u'il est indiqué dans le passage cité plus haut. Il est à remarquer que ce fait très-intéressant de l'histoire du développement de
mbryon vertébré a été récemment reproduit (par MM. Coste et Delpech), et accueilli généralement comme une découverte
ouvelle.

La deuxième figure vient à l'appui de cette remarque, savoir, que *les globules ne paraissent pas se former dans le sang déjà pro-
it*, *mais plutôt naître dans les parties environnantes*. Le contour du *punctum saliens* ou cœur rudimentaire est rendu manifeste par
sang rouge qui maintenant est en circulation. Les globules rouges sont groupés dans diverses parties de l'*aire opaque*. Dans la
oisième figure, le sinus zonulaire ou terminal est formé, et la circulation du sang rouge est établie dans les vaisseaux omphalo-
ésentériques, qui sont distribués sur la poche vitelline encore incomplète. Il résulte évidemment de la propre description de
nter, que les vaisseaux et le cœur lui-même préexistent dans l'embryon à la formation des globules rouges; et j'ai observé moi-
ême, dans l'aire opaque environnante, à la période qui correspond à celle que représente la fig. 1, des canaux qui sont établis
vant que la matière colorante rouge ait fait son apparition.

RICHARD OWEN.

2.

PLANCHE XVII.

Cette planche représente une section de l'utérus humain dans le premier mois de la grossesse. L'utérus est peu augmenté de volume et épaissi dans ses parois; sa cavité est tapissée entièrement par un coagulum sang offrant une surface interne lisse, et adhérant fortement à l'utérus.

Les artères ont été injectées pour faire voir que l'organe présente une plus grande vascularité qu'à l'ordina et l'on voit dans différents points du coagulum des vaisseaux qui ont reçu l'injection.

Le but de cette planche est de montrer avec quelle rapidité il se forme des vaisseaux dans le sang coagulé, l qu'il adhère à une surface vivante et que sa vascularité doit être utile à la machine animale. On en voit un exer remarquable dans le fait que représente cette planche, car ici le caillot sanguin doit former la membrane extéri du fœtus ou le moyen d'union entre le fœtus et la matrice.

Fig. 1. Section longitudinale de l'utérus, dont la cavité se trouve ainsi exposée.

A le museau de tanche faisant saillie dans le vagin, dont on a conservé une petite portion pour faire voir combien le museau de tanche se prolonge dans ce canal. *B B* le col de l'utérus. *C C C* coagulum sangu dont la surface est lisse, quoique très-irrégulière. *D D* surface de section du tissu utérin, qui est si int ment uni avec le coagulum qu'ils paraissent être la continuation l'un de l'autre. L'aspect lamellaire de c surface est produit par la section des veines dilatées dont les parois sont affaissées et qui sont n nombreuses.

Fig. 2. Une tranche mince du tissu utérin avec la portion de coagulum qui lui adhère, desséchée, et examinée microscope; cette pièce est destinée à démontrer la vascularité de l'utérus, dont on voit distinctement les v seaux se continuer dans le coagulum, et se prolonger à peu près dans la moitié de son épaisseur.

Fig. 3. Diagramme pour l'explication des sensations qui sont le résultat d'une illusion de l'esprit (voy. t. I, p. 3 *A B* deux portions du cerveau. *C* le siége de la maladie, et *D* celui de l'affection sympathique; *C* reçoit le ne et *D* le nerf *H;* ces deux nerfs communiquent ensemble par le nerf *F. E* le cerveau.

Fig. 4. Cette figure représente un anévrisme de l'aorte qui avait perforé la paroi antérieure de la poitrine. *A A* sections de l'aorte. *B* première poche anévrismale qui s'était contractée en *C,* et qui, s'étant prolongée où elle rencontra la résistance du sternum *d d,* se contracta de nouveau; mais la tumeur produisit l'absorp du sternum au point *D,* et, s'étant ainsi frayé un passage au dehors, elle se dilata de nouveau (voy. p. 477)(*).

PLANCHE XVIII.

Cette planche représente un testicule sur le corps duquel est placé un caillot sanguin qui y adhère. Pour l'in ligence de cette figure, voici l'histoire du fait :

Un homme entra à l'hôpital Saint-George pour une hydrocèle, et on lui fit la ponction avec une lancette. A d'évacuation du liquide, on trouva, au toucher, que le testicule était plus gros qu'à l'ordinaire, et, un mois a cette première opération, la tunique vaginale se trouva distendue au même degré qu'auparavant. On se déterm alors à pratiquer l'opération pour la cure radicale. La tunique vaginale fut incisée; mais le testicule ayant o un volume anormal, on jugea à propos de l'enlever. On trouva sur le corps de ce testicule un caillot sanguin off l'aspect d'une sangsue. Un autre caillot plus petit était situé dans l'angle que forme l'épididyme avec le testic ce dernier adhérait au testicule et à l'épididyme dans quelques points, et dans les autres il en était isolé.

L'adhérence du gros caillot était résistante, bien qu'elle permit une séparation qui fut pratiquée à l'une extrémités du caillot. Après cette séparation, on voyait manifestement des filaments qui allaient du caillot au ticule. Les adhérences du petit caillot étaient encore plus résistantes dans plusieurs endroits. Ce sang s'était ex vasé au moment de la ponction faite à l'aide d'une lancette pour évacuer l'hydrocèle, et était tombé sur le testic à la surface duquel il s'était coagulé.

(*) J'ai dû faire subir de notables modifications à la fig. 1 et à la fig. 4 de cette planche. Le contour de la fig. 1, dans l'atlas glais, est tellement inexact qu'on a peine à croire que c'est une matrice qu'on a sous les yeux. Tout en conservant scrupuleuse l'épaisseur des parois de l'utérus et les dispositions particulières que présente sa cavité dans la planche anglaise, j'ai fait rectifi forme extérieure de l'organe d'après nature, et j'ai ajouté une portion du vagin à la place d'un petit lambeau étroit qui e dans la planche anglaise et qui n'aurait pu en donner aucune idée. Quant à la fig. 4, dans la planche anglaise, le sternum représenté par un seul trait rectiligne, ce qui fait qu'on comprend difficilement les vrais rapports de la tumeur avec cet os.

G. R.

Sur toute la surface de la tunique vaginale il y avait des vaisseaux remplis de sang, et en plusieurs points des îllots de sang extravasé.

ig. 1. Le testicule avec la tunique vaginale incisée pour en exposer la surface.
A le corps du testicule. *B* une petite hydatide naissant de sa surface, ce qui n'est pas rare dans cet endroit, c'est-à-dire dans le point où l'épididyme naît du testicule. *C* le petit caillot situé dans l'angle formé par le corps du testicule et l'épididyme. *D* le gros caillot adhérant au corps du testicule. *E EE* la tunique vaginale divisée et renversée.
ig. 2. Un fragment de la tunique vaginale sous un fort grossissement pour montrer la distribution de ses vaisseaux, et les petits amas de sang extravasé en différents points.

PLANCHE XIX.

Cette planche représente le même testicule après l'injection de ses vaisseaux, vu à un fort grossissement, afin de rendre les vaisseaux plus apparents. Toute la surface du testicule parut alors recouverte d'une couche de lymphe coagulable devenue vasculaire.

La surface d'adhérence du plus gros caillot était injectée dans l'étendue d'un vingtième de pouce environ et remplie de vaisseaux très-distincts.

Le petit caillot était injecté en plusieurs endroits dans toute son épaisseur, et, dans d'autres, seulement à une petite distance de la surface d'adhérence.
A la couche de lymphe coagulable qui recouvrait le testicule. *B* l'hydatide. *C C C* le petit caillot plus découvert que dans la planche précédente; on voit distinctement et plusieurs points les vaisseaux se prolonger sur lui. Sa portion inférieure est détachée par un bout et n'était vasculaire qu'à son col, par lequel elle adhérait à la surface du testicule. *D D* le gros caillot. *E E E* la tunique vaginale renversée.

PLANCHE XX.

Cette planche présente deux oreilles de lapin, dont l'une est dans l'état normal et l'autre dans un état inflammatoire qu'on avait produit en gelant cette oreille et en la dégelant ensuite.

Les vaisseaux ont été injectés, et comme les deux oreilles appartenaient à la même tête, la force avec laquelle l'injection a été poussée et toutes les autres circonstances ont dû être parfaitement semblables pour l'une et pour l'autre.

La différence de volume des vaisseaux et des oreilles elles-mêmes est très-frappante; mais l'oreille enflammée, comparée à l'autre, présentait une opacité qu'il n'a pas été possible de rendre.
g. 1. L'oreille à l'état normal.
a la partie saillante de l'oreille. *b* la partie de l'oreille qui est recouverte par la peau de la tête. *c c c* le tronc artériel principal.
g. 2. L'oreille enflammée.
a. b. c c c représentent les mêmes objets que dans la fig. 1. *d* branche artérielle plus volumineuse que le tronc lui-même, et qui n'est pas visible dans l'état naturel de l'oreille.
g. 3 et 4. Ces figures sont destinées à expliquer le développement des os (voy. t. I, p. 292).
g. 5 à 10. Ces figures représentent six carrés d'un micromètre de verre, dont chaque côté a $\frac{1}{500}$ de pouce. 5, 6, 7 offrent différents aspects des particules du sang humain, leur dépression centrale, et les diverses positions dans lesquelles on peut les voir quand elles roulent sur un plan incliné. 8, 9, 10 représentent les globules du sang de la raie, qui diffèrent des globules du sang humain principalement par leur volume plus considérable, par leur contour ovalaire, et par la forme ovale de leur dépression centrale (voy. t. III, *Traité du sang,* § 4, *notes*).

PLANCHE XXI.

g. 1. Une portion de l'intestin iléum, prise sur le canal intestinal d'un âne. L'intestin était dans un état d'inflammation très-intense; sa surface était en partie recouverte par une couche de lymphe coagulable, produit de l'inflammation.
La membrane interne de l'intestin présentait une grande vascularité, et, après l'injection, on aperçut des vaisseaux dans plusieurs points de la lymphe coagulable. *A A* surface interne de l'intestin. *B B* lymphe coagulable qui adhérait à cette surface.

Fig. 2. Tunique péritonéale d'un intestin humain à l'état inflammatoire. Ce fragment est destiné à montrer la circularité de la membrane enflammée; on y voit un petit fragment de lymphe coagulable qui y adhère par un étroit et qui en reçoit des vaisseaux.

Fig. 3 à 6. Diagrammes destinés à expliquer le mécanisme des valvules de l'aorte (voy. t. III, *du syst. vasc.* §

Fig. 3. Cette figure représente l'artère dans la systole, les trois valvules étant rapprochées presque complètemen ses parois. *a a* section circulaire de l'aorte. *b b* orifices des artères coronaires, situés dans l'excavation valvules et presque recouverts par elles. *d* l'aire du vaisseau en dedans des valvules.

Fig. 4. Cette figure présente l'artère dans sa diastole. Les trois valvules se tendent presque en ligne droite de nière à transformer l'aire de l'aorte en un triangle équilatéral. *a a a* section circulaire de l'aorte dans son de diastole, présentant une augmentation de largeur d'environ un cinquième. *b b* orifices des artères corona complétement découverts. *c c c* excavations formées par les valvules; ces excavations sont maintenant agrandies. *d d d* portions convexes des valvules distendues, remplissant toute l'aire du vaisseau. *e e e* corp samoïdes.

Fig. 5. Cette figure représente l'effet que produit la systole du cœur sur l'aorte et ses valvules. *a a a* section de tère à l'état de repos. *b b b* la même à l'état de distension. Les valvules *a a a* étant inextensibles conservent position primitive, tandis que les parois de l'artère *b b b* sont écartées. Les valvules sont empêchées de pre une direction rectiligne par la force impulsive du courant artériel, mais elles n'en attirent pas moins en de les parois de l'artère par l'effet de leur tension.

Fig. 6. Cette figure offre la périphérie de l'aorte au moment où la systole du cœur cesse; dans ce moment bords des valvules *a* prennent la forme d'un triangle équilatéral.

PLANCHE XXII.

Fragment ramifié de lymphe coagulable expulsé des poumons par l'expectoration. Voici l'histoire de ce fait :

Un homme, âgé de vingt-deux ans, se portant habituellement bien, avait été soumis à un traitement mercu excessif qui avait débilité sa constitution et donné naissance à une toux très-violente. Il expectora beaucou mucosités qui souvent étaient mêlées de sang. Son pouls devint si irrégulier qu'il ne pouvait être compté; douleur aiguë se fit sentir dans presque toute l'étendue de la poitrine.

Au bout d'une quinzaine de jours, il commença à expectorer de petits fragments de lymphe coagulable sem bles à des vers. Cette expectoration était toujours précédée d'un accès de toux et suivie d'une extrême douleur quelque point de la poitrine. Ces fragments de lymphe devinrent très-nombreux, augmentèrent de grosseur, et rent une forme ramifiée; les accès de toux devinrent aussi très-violents. La planche 22 représente une des grosses de ces masses expectorées. A mesure que les fragments augmentèrent de volume, les accès de toux de rent moins fréquents; puis enfin ils cessèrent complétement et le malade alla bien. Cet homme était soigne M. Saumarez, de Newington Butts, qui donna la pièce pathologique à Hunter.

PLANCHE XXIII.

La matrice et le vagin d'une ânesse soumise à des expériences qui consistaient à développer de l'inflamma dans ces cavités. L'inflammation a déterminé l'exsudation d'une lymphe coagulable, ce qui n'a lieu à la surfac terne d'une cavité s'ouvrant au dehors, que lorsque l'inflammation présente le plus grand degré possible d'inter

Le vagin a été ouvert par la face opposée à celle qui est représentée sur cette planche, et la matrice par la qui est exposée à la vue. Dans la cavité de la matrice, on voit un coagulum qui se termine dans le commence de la corne droite. La corne gauche n'est pas ouverte. *A* le vagin ouvert par la face opposée à celle qu'on voit. *B B* la cavité commune de la matrice qu'on a ouverte faire voir le coagulum. *C C* la corne droite de la matrice ouverte au niveau de sa réunion avec la cavité c mune; on y voit l'extrémité du coagulum. *D* la corne gauche non ouverte. *E E E E* coagulum de lym passant du vagin dans l'intérieur de la matrice; il adhérait à la surface du vagin, mais il était libre à extrémité.

PLANCHE XXIV.

Fig. 1 et 2. « Dessins de deux anévrismes: l'un de l'artère crurale (nᵒ 136, *fig.* 1), qui s'est guéri spontanémen qui m'a été présenté par M. Ford, de Golden Square; l'autre de l'artère carotide (nᵒ 136, *fig.* 2), qui m' présenté par le docteur Baillie. » *(Manuscrit huntérien.)*

ig. 1. Cette figure représente un anévrisme de l'artère carotide droite; le travail naturel d'oblitération du sac était très-avancé. *a* la carotide primitive. *bb* les parois de la poche anévrismale incisées. *c* coagulum ancien et solide remplissant complétement la cavité de la poche anévrismale à laquelle il adhérait. *d* la carotide interne. *e* la carotide externe. Ce cas se présenta en 1787, deux années après que Hunter eut fait connaître son opération; il a été décrit par Baillie dans *Trans. of a soc. for the improvement*, etc., t. I, p. 119.

ig. 2. Cette figure représente un anévrisme de l'artère crurale droite, dont la guérison s'est effectuée par les seules ressources de l'organisme. « Voici, dit Hunter, celui qui s'est guéri; mais par quel moyen, c'est ce qui n'est pas connu. Il est difficile de décider s'il y a eu réellement anévrisme, ou s'il y a eu simplement contraction de l'artère, ainsi que j'en ai vu un exemple chez un jeune malade de l'hôpital Saint-George; dans le premier cas, la tumeur anévrismale se serait réduite à ce volume; dans le second cas, la petite dilatation de l'artère aurait eu lieu consécutivement à l'oblitération. » *a* extrémité cardiaque de l'artère crurale. *b* poche anévrismale contractée. *c* oblitération de l'artère. *d* extrémité périphérique de l'artère crurale. Ce fait, qui a été décrit par Ford, dans *Lond. med. Journ.*, t. IX, p. 144 (*the case of J. Cathy*), fut observé par Hunter en septembre 1785, trois mois avant qu'il eût mis à exécution sa célèbre méthode, et on suppose que ce fut celui qui contribua le plus directement à la lui suggérer.

g. 3. Fausse articulation de l'humérus, renfermant plusieurs corps cartilagineux libres (voy. t. III). *a* la tête de l'humérus. *b* le fragment supérieur. *c* le fragment inférieur. *dd* le ligament capsulaire de nouvelle formation, entourant la cavité de l'articulation. *ee* surfaces des deux fragments adaptées l'une à l'autre pour les mouve- ments; la surface du fragment supérieur présentait deux cavités séparées par une crète; celle du fragment inférieur était arrondie, convexe, et propre en quelque sorte à se mouvoir dans l'une ou l'autre des deux ca- vités. Ces deux surfaces étaient recouvertes en partie par une substance semblable à du cartilage, dans les in- tervalles de laquelle le tissu osseux était à nu.
A la surface de ces os existaient un grand nombre de petites saillies dures, très-étroites à leur base; de la surface ꞓterne du ligament capsulaire naissaient des excroissances d'un tissu plus mou, très-larges, dentelées à leur bord ꞓterne, et adhérentes par un col rétréci. Il existait dans la cavité articulaire plusieurs de ces corps, tant de ceux de tissu dur que des autres, dont l'adhérence avait été détruite par les mouvements.

g. 4. Invagination intestinale (voy. t. III). *a* l'intestin iléum passant dans l'invagination. *b* la portion d'iléum com- prise dans l'invagination. *c* la terminaison de l'iléum au niveau de la valvule du colon, de l'intérieur duquel une bougie a été introduite dans l'intestin grêle. *d* l'orifice de l'appendice cœcal, dans l'intérieur duquel on a placé une soie de sanglier. *ee* le trajet et la terminaison de l'appendice du cœcum. *fff* la portion du colon ren- versée ou contenue; à la surface interne de cet intestin, devenue externe, adhèrent des couches de lymphe coagulable produite par l'inflammation qui y avait existé. *ggg* la portion contenante du colon ouverte pour montrer l'invagination. On voit à sa surface externe les appendices épiploïques.

PLANCHE XXV.

g. 1. La figure 1 représente un fœtus d'environ six mois avec les testicules dans l'abdomen. Tous les intestins, excepté le rectum, ont été enlevés; le péritoine a été laissé sur la plupart des objets qu'il recouvre, de sorte que les parties n'ont pas cet aspect distinct, ces contours arrêtés qu'on aurait pu leur donner par la dissection.
ᴵa partie supérieure du sujet recouverte par une toile. *bb* les cuisses. *c* la verge. *d* le scrotum. *e* lambeau com- prenant les téguments, les muscles abdominaux et le péritoine du côté droit, renversé sur l'os des iles, afin d'exposer à la vue le testicule. *f* lambeau formé par la peau et le tissu cellulaire du côté gauche, renversé de la même manière. *g* lambeau composé par les muscles abdominaux et le péritoine du côté gauche, renversé sur l'épine de l'os des iles. La partie inférieure de ce lambeau a été excisée afin de montrer comment le liga- ment du testicule traverse l'anneau pour se rendre dans le scrotum. *hh* la partie inférieure des deux reins. *i* la saillie formée par les vertèbres lombaires inférieures et par la bifurcation de l'aorte et de la veine cave. *k* le rectum renfermant le méconium et lié à sa partie supérieure, au niveau de laquelle le colon a été enlevé. *l* la branche de l'artère mésentérique inférieure qui se rendait au colon. *m* la branche inférieure de la même artère qui descendait dans le bassin derrière le rectum. *n* la face postérieure de la cavité de la vessie, dont la partie antérieure, qui, chez un fœtus de cet âge, s'élève au-dessus des pubis, a été enlevée. *oo* les artères hypogastri- ques ou ombilicales, divisées dans le point où elles contournent les parties latérales de la vessie pour se rendre à l'ombilic. *pp* l'uretère de chaque côté descendant au-devant du muscle psoas et des vaisseaux iliaques, et se rendant à la partie inférieure de la vessie. *qq* les artères spermatiques avec leurs sinuosités. *rr* les testicules

situés au-devant des muscles psoas, un peu plus haut que les régions inguinales. Dans cette figure, le bord interne du testicule est tourné un peu en dehors, afin de montrer les vaisseaux spermatiques qui marchent en
avant, vers le bord postérieur de cet organe, dans la duplicature du péritoine; cette duplicature maintient
testicule, renferme ses vaisseaux et lui forme une enveloppe externe polie, de la même manière que la duplicature du mésentère attache l'intestin, soutient ses vaisseaux et lui fournit une enveloppe lisse et polie.

On voit le commencement de l'épididyme à l'extrémité supérieure du testicule; de ce point, il descend sur la par-
externe du testicule, et par conséquent derrière le corps de cet organe dans cette figure.

ss le conduit déférent de chaque côté, se dirigeant transversalement en formant des sinuosités de l'extrémité de l'
pididyme à la partie externe de l'extrémité inférieure du testicule, puis au-devant de la partie inférieure
l'uretère pour se rendre aux vésicules séminales. *t t* ce que j'ai appelé le gubernaculum testis ou ligament
testicule chez le fœtus. A gauche, ce ligament est entier et mis à découvert dans toute sa longueur; les anneau
la peau de l'aine et du scrotum, ont été enlevés, de sorte qu'on peut le voir se rendant de l'extrémité inférieu
du testicule jusque dans le scrotum. A droite, la partie supérieure et antérieure de ce ligament a été enlevé
afin qu'on puisse voir la continuité de l'épididyme avec le conduit déférent, et l'on n'aperçoit de ce ligame
que ce qui est situé au dedans de l'abdomen.

N. B. La partie inférieure du ligament, telle qu'elle est vue dans le côté droit de cette figure, est si peu adhér
dans son passage à travers les muscles, et est si lâchement recouverte en cet endroit par le péritoine, que, lorsq
le testicule est repoussé de bas en haut, une plus grande portion du ligament apparaît au dedans de la cavité
l'abdomen, et alors le péritoine devient tendu et poli en cet endroit; mais au contraire, quand le scrotum est refo
de haut en bas, la partie inférieure du ligament est attirée en bas dans une certaine étendue au delà du point
elle traverse les muscles, et le péritoine, dont les adhérences sont peu serrées, est entraîné avec elle; de so
qu'alors cette membrane a subi un petit allongement, et présente, du côté de la cavité abdominale, un orifice se
biable à l'entrée d'un petit sac herniaire, au-devant du ligament.

Fig. 2. Cette figure représente les testicules, etc., chez le même sujet qui est représenté dans la planche 26. Tou
les parties qui étaient situées au-dessus des os des iles ont été enlevées, et les muscles abdominaux du c
gauche ont été renversés de haut en bas, afin de faire voir l'orifice du côté de la cavité abdominale.
vessie est également renversée de haut en bas, afin qu'on puisse voir les conduits déférents qui la contourn
et se rendent à sa partie postérieure.

a a la partie supérieure des cuisses. *b* la verge. *c* la partie moyenne du scrotum dont les portions latérales ont
enlevées pour faire voir les testicules. *d d* la peau et le tissu cellulaire de l'abdomen renversés sur les cuiss
e e une portion des muscles abdominaux et du péritoine renversée dans chaque aine. *f f* le péritoine qui
couvre le muscle iliaque interne de chaque côté. *g* le rectum distendu par le méconium. *h* la vessie avec l'
tère ombilicale de chaque côté, attirée un peu en avant sur la symphyse du pubis. *i i* les uretères passant
les vaisseaux iliaques. *k* le testicule droit mis à découvert, comme dans la planche 26, *v w x x y*. *l* le testic
gauche dans le prolongement renfermé du péritoine. Voyez planche 26, *u*. *m* les vaisseaux spermatiques du c
gauche, vus à travers le péritoine qui les recouvre dans leur trajet à travers les muscles abdominaux, dans
région inguinale. *n* le conduit déférent du côté gauche vu à travers le péritoine, dans son trajet de l'orifice
sac à la partie postérieure de la vessie. *o* l'orifice du prolongement du péritoine, faisant communiquer la ca
de ce prolongement avec la cavité générale de l'abdomen. Dans un âge plus avancé du sujet, cette ouvert
s'oblitère, et la membrane devient lisse en cet endroit, excepté lorsque l'intestin descend après le testicule
la tient béante; alors, cette ouverture devient l'orifice du sac herniaire. *p* l'artère épigastrique gauche se
mifiant sur la face interne du muscle droit, qui est renversé en bas et en dehors. Cette artère est toujours situ
comme dans cette figure, en dedans de l'orifice du sac herniaire ou du passage des vaisseaux spermatiques.

N. B. Il est évident que cette partie du péritoine qui dans cette figure est attirée sous la forme d'un sac herniai
un peu au-dessous du testicule, est située au-devant du testicule, de l'épididyme, des vaisseaux spermatiques et
conduit déférent, et que le péritoine recouvre ces parties de la même manière qu'il recouvre les viscères abdo
naux, c'est-à-dire que le feuillet postérieur du sac (en supposant que le sac soit séparé suivant sa longueur en de
lames) leur est uni et leur donne une surface lisse, tandis que le feuillet antérieur est situé au-devant d'elles s
adhérence, et peut en être éloigné à une certaine distance, comme le sac est distendu par de l'eau.

PLANCHE XXVI.

Cette figure représente à peu près les mêmes parties que la figure 1 de la planche 25, mais chez un fœtus un p
plus âgé. Elle a pour objet d'exposer l'état des testicules lorsqu'ils viennent de descendre de l'abdomen dans le sc

. L'intestin grêle a été enlevé, et on a laissé dans leur situation naturelle les gros intestins, qui maintenant ne .ent plus les testicules. A gauche, on n'a enlevé que les téguments, ce qui permet de voir le cordon sortant à .ers l'anneau, et le testicule dans sa tunique vaginale; à droite, l'anneau est divisé, et la tunique vaginale est ou-.e dans toute sa longueur, afin de mettre à nu le testicule et le cordon.

.e foie représenté seulement au trait. *bb* la partie supérieure des cuisses. *c* la verge. *d* la partie moyenne du scrotum; de chaque côté de cette partie moyenne, on a enlevé la partie antérieure du scrotum, afin de faire voir les testicules. *ee* les deux lambeaux de la peau et du tissu cellulaire, séparés par la dissection de la partie inférieure de l'abdomen et renversés sur les cuisses. *f* l'intestin cœcum. *gg* l'appendice vermiforme du cœcum. *h* l'arc du colon. *i* la courbure du colon, au-dessous de la rate. *k* le colon descendant le long de la partie ex-terne du rein gauche. *l* la dernière courbure du colon, communément appelée sa courbure sigmoïde, et qui, chez l'adulte, est située entièrement dans la cavité du bassin. *m* le commencement du rectum. *n* une portion des muscles abdominaux du côté droit, avec le feuillet lisse du péritoine qui la tapisse, renversée en dehors sur l'épine de l'os des iles. *oo* la partie inférieure du muscle oblique externe du côté gauche. *p* la partie in-férieure du muscle droit du côté droit, retournée et portée vers le côté gauche, de sorte qu'on peut voir l'artère épigastrique se dirigeant vers la face interne de ce muscle. *q* la partie antérieure de la vessie. *r* l'ouraque (ainsi qu'on l'appelle). *s* les vaisseaux cruraux arrivant à la cuisse, en passant derrière le ligament de Fallope. *t* aspect extérieur du cordon spermatique du côté gauche. *u* aspect extérieur du testicule quand sa tunique vaginale, ou le prolongement du péritoine, est légèrement distendue par de l'air ou de l'eau qu'on y introduit par la cavité de l'abdomen. *v* le testicule droit exposé entièrement à la vue au moyen d'une ouverture qui intéresse toute la longueur du prolongement du péritoine. *w* la tête de l'épididyme du même côté. *xx* les vais-seaux spermatiques. *y* le conduit déférent. *z* l'uretère, etc., les restes du gubernaculum ou ligament qui servait d'attache au testicule et le dirigeait dans le scrotum (*). .

PLANCHE XXVI bis.

.tte planche offre la moitié droite du bassin d'un jeune bélier; on voit le testicule droit dans la cavité de l'ab-.en, après la descente du testicule gauche, qui a été enlevé avec la moitié correspondante du bassin. Le testicule, .est situé dans la région lombaire, est plus aplati qu'à l'ordinaire; il n'est attaché que par un de ses bords, et .cipalement par l'épididyme. Il y a aussi un ligament qui nait de la partie supérieure de l'attache commune, et .ie le testicule à la partie postérieure des muscles abdominaux; ce ligament est analogue à celui qui lie l'ovaire .même partie chez les quadrupèdes femelles. L'épididyme se dirige le long du bord externe ou postérieur; vers .rtie inférieure il devient plus gros, pend lâchement, et se contourne un peu sur lui-même dans le point où il .ent conduit déférent. Le conduit déférent est un peu contourné, et descend obliquement sur le muscle psoas se rendre à la vessie. De la partie inférieure du testicule naît une crête qui se continue le long du muscle psoas, .rse l'anneau inguinal et se rend dans le scrotum; cette crête est très-probablement le gubernaculum; mais elle .tellement recouverte d'une graisse dure et analogue à du suif, qu'il m'a été impossible d'en déterminer la struc-.d'une manière exacte. A la partie inférieure de cette crête, à un pouce et demi environ de l'anneau, je trouvai .minaison du crémaster, qui était assez volumineux; une partie des fibres de ce muscle semblaient naître en .un avec celles du muscle oblique interne, tandis que les autres paraissaient provenir, derrière lui, du psoas .l'iliaque interne; sa portion externe marchait en dedans et en bas, qu'il m'a été impossible d'en déterminer la struc-.été ou gubernaculum, dans laquelle la plus grande partie de ses fibres se perdaient, tandis que les autres se .nuaient dans la partie postérieure de cette même crête; sa portion postérieure gagnait la partie interne de la ., et se perdait de la même manière que l'autre. *A* la face interne de la cuisse, indiquée seulement par un *B B* la face interne des muscles abdominaux, renversée en dehors. *C* la symphyse du pubis. *D* les muscles de .isse divisés à leur origine dans le point où ils naissent d'un tendon moyen. *E* l'extrémité inférieure du rein .. *FG* les vaisseaux iliaques, qu'on a mis à découvert pour montrer leur situation. *H* les restes de l'artère om-.ale. *I* la vessie. *K* le corps du testicule droit, et les ramifications des veines à sa surface. *L* l'épididyme. *M* le .uit déférent. *N* les vésicules dites vésicules séminales.

La planche 25 et la planche 26 ont été copiées d'après des gravures fort belles de Rymsdik, qui ont été publiées dans les .al Commentaries de William Hunter. Ces deux lithographies, dans l'atlas de M. Palmer, sont tellement défectueuses et .travail si informe, qu'il était impossible de les comprendre et de les copier. Je me suis procuré les gravures originales, .ur ces dernières que M. Émile Beau a dessiné les deux planches de l'atlas français.   G. R.

3·

PLANCHE XXVII.

Deux testicules dont le cordon spermatique a été disséqué : dans l'un, il n'y avait point de conduit déf
dans l'autre, une portion de l'épididyme manquait.

Fig. 1. Le testicule droit et son cordon spermatique.

A A le corps du testicule. *B B* le cordon spermatique, dans lequel on ne voit aucune trace de conduit
rent. *C* l'épididyme, à sa naissance sur le corps du testicule. *D* la brusque terminaison de l'épididyme
se continue point à l'extrémité du testicule.

Fig. 2. Le testicule gauche.

A A le corps du testicule. *B* les vaisseaux sanguins du testicule isolés du conduit déférent. *C* l'origine de
dyme. *D* terminaison de l'épididyme; pour montrer cette partie, on a enlevé la tunique vaginale. *E* l'
du conduit déférent. *F* le conduit déférent dans son trajet ascendant vers l'anneau inguinal.

PLANCHE XXVIII.

Vue latérale du bassin du sujet dont on voit les testicules dans la planche 27, et chez lequel les conduits déf
ne communiquaient point avec les vésicules séminales, ni les vésicules séminales avec l'urètre. *A* le corp
verge. *B* la symphyse du pubis. *C* la vessie. *D* l'uretère gauche. *E E* le rectum. *F* l'anus. *G* le sphincter de
renversé de côté. *H* le muscle élévateur de l'anus, renversé. *I* la prostate. *K* la glande de Cowper du côté g
L le repli péritonéal qui tapissait le côté gauche du bassin. *M* section du sacrum. *N* conduit déférent gauche.
sicules séminales.

PLANCHE XXIX.

Voulant montrer l'augmentation graduelle de volume que subissent les testicules du moineau, depuis le
de l'hiver jusqu'au commencement de la saison des amours, j'ai examiné ces glandes en janvier, en février, e
et en avril, et j'ai fait représenter exactement l'aspect qu'elles offraient à ces différentes époques, qui son
quées à côté de chaque figure. Si l'on compare le volume de ces organes en janvier avec celui qu'ils ont
en avril, on a peine à croire qu'un changement si étonnant ait pu s'opérer en si peu de temps.

PLANCHE XXX.

Cette planche représente le *free martin* de M. Wright, d'après un dessin de l'animal vivant par M. Gilpin. I
connaître la forme extérieure de cet animal, qui ne ressemble ni au taureau, ni à la vache, mais plutôt a
ou taureau châtré.

PLANCHE XXXI.

Les organes génitaux du *free martin* de M. Wright, qui se rapprochent plus des organes génitaux d'un
nque de ceux d'une vache; l'animal, pendant sa vie, offrait en grande partie le caractère et l'aspect d'un bœu
pointe des grandes lèvres. *B B* les grandes lèvres. *C* le gland du clitoris. *D D* la surface interne du vagi
mun. *E E* les orifices des conduits de deux glandes (sinus glanduleux de Malpighi et de Gaertner). *F* (on a
Q par erreur) le méat urinaire. *G G* la surface interne du vrai vagin se terminant en cul-de-sac en *H. I I I* l
qu'on peut appeler l'utérus, mais qui n'offrait aucune cavité. *K K* parties qui correspondaient aux co
l'utérus. *L L* les testicules. *M M* les vaisseaux spermatiques. *N N* les muscles crémasters. *O O* les vésicule
males. *P P* les conduits des vésicules séminales, vus par l'intérieur du vagin. *Q* les orifices de ces conduit
chacun desquels on a placé une soie de cochon.

PLANCHE XXXII.

Cette planche représente les organes de la génération du *free martin* de M. Arbuthnot, qui offrent pres
mélange complet des organes mâles et des organes femelles : l'aspect extérieur et le caractère général de l
étaient en rapport avec cette conformation de l'appareil génital; ce n'était ni le caractère du taureau, ni cel
vache, mais un caractère mixte. *A* la pointe des grandes lèvres. *B B* les grandes lèvres. *C* le gland du
D D la surface interne du vagin commun. *E E* orifices des conduits de deux glandes (canaux glanduleux c
pighi et de Gaertner). *F* l'orifice du méat urinaire. *G G* le vrai vagin. *H H* le vagin contracté ou l'utérus
rudimentaire. *I I* les cornes de l'utérus, n'offrant de cavité que dans une petite étendue. *K* l'ovaire droit pri

capsule. *L* l'ovaire gauche enveloppé par sa capsule. *M* une soie de cochon introduite dans la cavité de la capsule par son orifice. *N* le testicule droit. *O O O O* le conduit déférent du côté droit. *P P* les vésicules séminales. *Q Q* les conduits des vésicules séminales, vus par le vagin. *R* orifices des conduits déférents et des vésicules séminales.

PLANCHE XXXIII.

Les organes génitaux du *free martin* de M. Well, vus par devant; ils se rapprochent plus des organes de la vache que de ceux du taureau, et l'animal lui-même avait beaucoup de ressemblance avec une jeune génisse. *a* le clitoris; *b b* les racines du clitoris (*crura clitoridis*). *c* l'urètre. *d* la vessie. *e* le corps de l'utérus, au delà de la vessie, privé *l* de cavité. *ff* les cornes de l'utérus, également privées de cavité. *g* l'ovaire gauche dépouillé de sa capsule. *h* la capsule droite enveloppant l'ovaire de ce côté. *iiii* fragments interrompus des conduits déférents. *kk* les vaisseaux spermatiques. *l* le *gubernaculum testis* du côté gauche. *m* le commencement de la tunique vaginale commune; on y a introduit une soie pour en indiquer la cavité. *n n* vaisseaux qui se portent derrière la vessie. *o o* les deux uretères. *pp* les vésicules séminales.

PLANCHE XXXIV.

Fig. 1. Un fragment d'utérus au neuvième mois de la grossesse, avec une portion du placenta, afin de montrer le mode suivant lequel les vaisseaux sanguins de la mère communiquent avec ce dernier.

A la substance de l'utérus, séparée du placenta et renversée. *B* la surface utérine du placenta recouverte par la membrane caduque. *C* l'angle de réflexion qui indique l'endroit où le tissu de l'utérus est renversé sur lui-même. *D* le bord du placenta. *E* la membrane caduque recouvrant le chorion.

Sur les surfaces de l'utérus, on voit les veines ou sinus, marchant dans une direction oblique, remplies de cire, et rompues au niveau du point où elles traversent la membrane caduque.

a a a les artères injectées et rompues dans le point où elles passent de l'utérus au placenta. *b b b b* la continuation de ces artères, qui font plusieurs tours en spirale en s'enfonçant dans la membrane caduque, et se terminent ensuite sur la surface du placenta. *c c c c* les veines injectées, rompues à l'endroit où elles passent dans la substance de l'utérus; *d d d d* les portions correspondantes de ces veines, dans le point où elles passent du placenta à travers la caduque. *e e e e* vaisseaux sanguins se ramifiant sur la caduque, rompus à la surface de l'utérus.

Fig. 2. Cette figure offre une section du placenta dans les planches 35 et 36.

a la surface de section, où l'on voit la fissure qui passe de la surface utérine dans la substance du placenta. *b* la surface qui adhérait à l'utérus, et sur laquelle on voit l'extrémité béante d'une veine qui passait du placenta à l'utérus, et qui a été rompue. *c c* section des vaisseaux du cordon ombilical qui se ramifiaient à la surface interne du placenta.

PLANCHE XXXV.

Placenta bilobé du singe, vu par sa face fœtale, avec ses membranes, qui y sont attachées et qui s'étendent au delà de sa circonférence. Les vaisseaux du fœtus se ramifient sur cette face comme dans l'espèce humaine, et le cordon s'insère près du bord du placenta, ainsi qu'on l'observe souvent chez l'homme; mais il est plus régulièrement tordu que chez ce dernier. La membrane amnios, qui couvre comme à l'ordinaire la surface fœtale du placenta, forme des replis auprès du cordon et dans les points où elle passe par-dessus les fissures interlobulaires.

PLANCHE XXXVI.

Le même placenta, vu par sa face utérine, avec une partie de la membrane caduque et des autres membranes. *a* la membrane caduque renversée de dessus le chorion et le placenta. *b* le chorion, qui est attaché à la surface externe du placenta. *c* l'amnios. *d d d d* les extrémités rompues des veines qui rapportent le sang des cellules du placenta maternel dans les sinus utérins. (*Voyez* pl. 34, fig. 2, une section du même placenta.)

PLANCHE XXXVII.

Une portion de l'intestin d'un cochon; la tunique péritonéale de cet intestin est couverte en plusieurs endroits de petits kystes transparents remplis d'air. Cette pièce me fut envoyée par mon ami, M. Jenner, chirurgien à Berkeley, qui m'apprit que l'on observe très-souvent cette disposition sur les intestins des cochons qui sont tués dans les mois d'été. *A* est une portion du mésentère, *B* est la portion d'intestin sur laquelle les kystes pleins d'air sont situés.

PLANCHE XXXVIII.

Le jabot du pigeon, pris à l'époque où cet animal n'a point de petits. Chez le pigeon, le jabot est situé exactement sur la partie moyenne du cou que chez les autres oiseaux, attendu qu'il se compose de deux po égales, qui naissent latéralement de l'œsophage; tandis que, chez la plupart des autres oiseaux, il se dévie ur d'un côté. On peut admettre deux œsophages, un supérieur et un inférieur, chez les oiseaux qui ont un j L'œsophage supérieur est celui qui va de la bouche au jabot; l'inférieur, du jabot au gésier.

Le jabot a été retourné et distendu avec de l'alcool, de sorte qu'on voit la disposition de sa surface intern *A* la surface interne de l'œsophage supérieur. *B B* la surface interne des deux poches saillantes du jabot. *C* l' phage inférieur, descendant du jabot au gésier. *D D D D* glandes situées à la partie inférieure du jabot continuant dans l'œsophage inférieur. *E* tissu glanduleux occupant la face interne de ce dernier œsoph immédiatement avant sa terminaison dans le gésier, et destiné à sécréter une matière analogue au suc trique.

PLANCHE XXXIX.

Le jabot d'un pigeon mâle, pendant l'état de gestation de la femelle, destiné à montrer le changement s'opère, à cette époque, à sa surface interne, pour la sécrétion d'une substance qui doit servir de nourritur petits. Le jabot a été préparé de la même manière que celui de la planche 38. La seule différence qu'il présente siste dans le tissu glanduleux qui s'est développé à la surface interne des deux poches latérales, et qu'on n' serve à aucune autre époque de l'année.

PLANCHE XL.

Cette planche représente un thermomètre dont l'échelle est disposée de manière qu'on puisse le placer toute cavité capable de recevoir la boule. L'échelle est mobile; mais le point de la congélation est marqué s tige de verre.

Fig. 1. Face antérieure du thermomètre, présentant sa tige de verre à travers laquelle on voit très-distincte les divisions tracées sur la face concave de l'échelle d'ivoire mobile qui l'embrasse.

a le point de la congélation, indiqué par une raie pratiquée sur le verre même de la tige.

Fig. 2. Face latérale du même thermomètre, présentant les degrés qui sont marqués le long du bord de la convexe de l'échelle d'ivoire.

On peut ajuster ce thermomètre de manière à mesurer une température basse ou élevée, en portant l'u l'autre des nombres marqués sur l'échelle vis-à-vis le point de la congélation, et en comptant soit de bas en l soit de haut en bas.

PLANCHE XLI.

La première paire de nerfs, ou le nerf olfactif, tel qu'il se ramifie sur la membrane de la cloison des fosses les. On a enlevé la cloison osseuse afin de mettre à découvert les nerfs de la fosse nasale droite, car ces nerfs pa d'abord entre la membrane et l'os. *A* le frontal. *B* le sinus frontal. *C* la portion cartilagineuse de la cloison croix indiquent la place qu'occupait la cloison osseuse qui a été enlevée. *D* la surface de la peau, dans le où elle se confond avec la membrane du nez. *E* la lèvre supérieure. *F* une partie du procès alvéolaire de maxillaire auprès de la symphyse. *G* la voûte palatine. *H* l'os du palais. *I* la luette et le voile du palais. *K* la supérieure du pharynx. *L* l'orifice de la trompe d'Eustachi. *M* l'apophyse cunéiforme (basilaire) de l'os occi *N* la partie interne de l'apophyse basilaire, auprès du grand trou occipital. *O* l'apophyse clinoïde postéri *P* le sinus sphénoïdal avec sa cloison. *Q* la selle turcique. *R* l'apophyse crista galli. *S S* la membrane qui tapi la cloison des fosses nasales, du côté droit, la cloison ayant été enlevée. *T* branche de la cinquième pai nerfs, traversant le *foramen commune* ou trou sphéno-palatin. *U U U* la première paire de nerfs, après son sage à travers la lame criblée de l'os ethmoïde, se ramifiant sur la membrane de la cloison.

PLANCHE XLII.

Cette planche représente les ramifications du nerf olfactif sur la membrane qui tapisse les cornets des fosses nasales, les parties extérieures de la face ayant été enlevées. Ce dessin a été fait d'après la même tête que celu la planche 41. *A* le frontal. *B* les os propres du nez. *C* la portion cartilagineuse et membraneuse du nez. *D* du nez avec la peau qui la recouvre. *E* la cloison des fosses nasales. *F* la lèvre supérieure. *G* surface de sectio

lèvre. *H H H* le procès alvéolaire de l'os maxillaire supérieur scié. *I* une partie du sinus maxillaire. *K* l'occipital.
le corps de l'os sphénoïde. *M* la gouttière creusée par l'artère carotide. *N* l'apophyse clinoïde postérieure. *O* le
corps sphénoïdal. *P* l'apophyse crista galli. *Q* la membrane pituitaire. *R* la portion de la membrane pituitaire, con-
ve, qui recouvre le cornet inférieur. *S* la portion de la même membrane qui recouvre le cornet supérieur. *T*
tranche de la cinquième paire de nerfs, que l'on supposait se perdre sur la membrane pituitaire. *U U U* le tronc
de la première paire de nerfs, qui se perd ensuite sur la portion de la membrane de Schneider, qui recouvre les
cornets des fosses nasales.

PLANCHE XLIII.

. 1. Section transversale de l'humeur cristalline de l'œil de la sèche, destinée à faire voir la structure de cet
organe; la partie centrale est transparente, mais les autres sont opaques; elles ont été coagulées au moyen de
l'alcool, pour montrer les fibres distinctes qui entourent la partie centrale.
es fibres ne forment ni des cercles, ni des ovales réguliers, puisque les couches varient d'épaisseur dans cer-
taines parties. *a a* les points où les fibres sont le plus nombreuses. *b b* ceux où elles le sont le moins.
. 2. Section de l'humeur cristalline après l'ablation de la partie centrale, destinée à démontrer la texture
fibreuse des lames qui environnent cette dernière.

PLANCHE XLIV.

Ce poisson porte le nom de Grampus (*); il fut péché à l'embouchure de la Tamise en 1759, et apporté au pont
Westminster dans une barque. Il avait vingt-quatre pieds de long.

PLANCHE XLV.

Une autre espèce de Grampus (**), qui a été péché dans la Tamise il y a quinze ans. Il avait dix-huit pieds de
g.

PLANCHE XLVI.

. 1. Une espèce de baleine à gros nez (*Bottle-nosed*), le *Delphinus Delphis* de Linné (***). Il fut péché sur le bord
de la mer, auprès de Berkeley, où on le voyait depuis plusieurs jours suivant sa mère; il fut pris avec cette
dernière, et me fut envoyé par Jenner, pour servir à mes recherches d'anatomie comparée. Le plus âgé des
deux animaux avait onze pieds de long.
2. La tête du même animal présentée de manière à faire voir la forme de l'évent, qui est transversal et presque demi-circulaire.

PLANCHE XLVII.

a baleine à gros nez (*Bottle-nosed*) décrite par Dale (****). Elle est semblable à celle de la planche 46 dans sa
ne générale, mais elle n'a que deux petites dents pointues à la partie antérieure de la mâchoire supérieure,
résente une coloration plus claire du ventre. Elle fut prise au-dessus du pont de Londres en 1783, et devint
ropriété de M. Pugh, qui me permit d'en examiner la structure et d'en prendre les os. Elle avait vingt et un
ds de long.

*) *Phocæna orca*, Cuvier; *delphinus orca*, Linné. Ce dessin est reconnu pour être la figure la plus exacte qui ait été publiée
qu'à présent du Grampus, et est cité par Fréd. Cuvier comme offrant le type de cette espèce. Voy. *Histoire des cétacés*, in-8°,
3, p. 177.   RICHARD OWEN.
**) J'ai cherché en vain, parmi les documents qui existent relativement aux recherches de Hunter sur les cétacés, une note ou
memorandum qui pût donner de l'authenticité à la description ci-dessus. Le dessin original, colorié d'après nature, existe dans
collection Huntérienne, et porte cette indication : *Porpus*. Il n'est pas nécessaire de faire remarquer à ceux qui ont observé le
souin commun (*phocæna communis*, Cuv.) que la planche 45 offre une image exacte de cette espèce.   RICHARD OWEN.
***) C'est le *delphinus tursio* de Fabricius, le *grand dauphin* ou *souffleur* de Cuvier, une espèce plus grande et ayant moins de
ts que le *delphinus delphis* de Linné; elle n'a que 21 à 23 dents coniques, obtuses, de chaque côté de la mâchoire, tandis que
delphinus delphis en a le double.   RICHARD OWEN.
****) *Delphinus Dalei*, Cuv. *Delphinus bidens*, Schreber. *Hyperoodon Dalei*, Lacépède. *Heterodon Hunteri*, Lesson. Voy. de Blainville,
e sur un cétacé échoué au Havre, dans le *Bulletin de la Société philomatique*, sept. 1835; ce dernier se rapporte à la même espèce.
                                                                                                           RICHARD OWEN.

PLANCHE XLVIII.

Fig. 1. La *balæna rostrata* de Fabricius, ou baleine pointue (*Piked Whale*) (*). Elle fut pêchée à Dogger-Bank, suite d'une lésion qui avait son siége entre les deux branches de la mâchoire inférieure, sous la langue s'était fait en cet endroit une accumulation considérable d'air, qui soulevait la langue et ses attaches, de nière à leur donner l'aspect d'un corps arrondi situé dans la bouche et même faisant saillie au delà des choires. Cette particularité rendant la tête de l'animal plus légère spécifiquement que l'eau, il ne put plo et fut pris facilement. Il fut apporté à Saint-George's-Fields, où je l'achetai. La nageoire dorsale, qui a été coupée au niveau du corps, est indiquée par des points : Longueur totale de l'animal, 17 pieds; la de la mâchoire supérieure, d'un œil à l'autre, 1 pied 8 pouces; largeur de la mâchoire inférieure, 2 ; 6 pouces; la même, mesurée en dedans des fanons, 10 pouces et demi; maximum de longueur de fan 5 pouces.

Fig. 2. Développement de la queue.

PLANCHE XLIX.

Parties externes de la génération de la *balæna rostrata*, avec la situation relative de l'anus et des mamelons.
Fig. 1. Les lèvres de la vulve ouvertes et écartées, laissant voir le méat urinaire, le vagin et l'anus, qui, dans l naturel, sont entièrement cachés, la vulve ne présentant qu'une longue fente, dont les bords sont en co réciproque.
A A les lèvres de la vulve. *B* le clitoris. *C* le méat urinaire. *D* l'orifice du vagin. *E* l'anus.
Fig. 2. Le sillon dans lequel est situé le mamelon gauche, ouvert et laissant voir le mamelon à découvert.
Fig. 3. Le sillon du mamelon droit, dans son état naturel, n'apparaissant que comme une simple ligne.
Fig. 4. Un sillon situé auprès du mamelon; il a été ouvert, afin qu'on en pût voir l'intérieur. Je suppose qu sillon a pour objet de faciliter les mouvements de la peau de cette région, et de permettre au mamelon d plus facilement mis à découvert.
Fig. 5. Le même sillon du côté opposé, fermé.

PLANCHE L.

Vue latérale de l'une des lames de fanons de la *balæna rostrata*. *A* la partie de la lame qui fait saillie hors d gencive. *B* la portion qui est implantée dans la gencive. *C C* substance blanche qui entoure les fanons, leur f un bourrelet saillant, et passe aussi entre les lames pour donner naissance aux lamelles extérieures. *D D* la p analogue à la gencive. *E* substance charnue recouvrant l'os maxillaire, et sur laquelle se forme la lamelle. in de la lame. *F* la terminaison de la lame en une espèce de chevelure.

PLANCHE LI.

Fig. 1. Section perpendiculaire de plusieurs lames de fanons de baleine occupant leur situation naturelle da gencive; leurs bords internes ou leurs terminaisons les plus courtes ont été enlevés, et les bords divisés vus de l'intérieur de la bouche. La partie inférieure de la figure offre la surface inégale formée par la te naison chevelue de chaque lame. La partie moyenne indique la distance qui sépare les lames les unes des au La partie supérieure présente la substance blanche dans laquelle les lames prennent naissance, et la bas laquelle elles sont implantées.
Fig. 2. Un simple trait présentant avec un grossissement très-grand le mode de développement des lames d nons et de la substance blanche intermédiaire. *A* la couche moyenne de la lame, qui se forme sur une pulp cône *a* qui s'élève dans le centre de la lame. La terminaison de cette couche forme le chevelu. *B* une des ches externes, qui naît de la substance blanche intermédiaire. *c c c c* la substance blanche intermédiaire, les lamelles se continuent avec la couche moyenne, et forment la substance de la lame. *D* l'indication au d'une autre lame. *E* la base, sur laquelle se forment les lames, et qui est adhérente à la mâchoire inférieu

PLANCHE LII.

Deux spécimens de la sirène, ou Mud iguana de la Caroline du Sud (*Siren lacertina*, Linn., Cuv.).

(*) Le petit du grand Rorqual du nord (*balæna boops*, Linn.), suivant Cuvier, mais regardée comme une espèce distincte et petite par Lacépède et par d'autres naturalistes, et désignée sous le nom de *balænoptera rostrata*.   RICHARD OWE

La plus petite B,,qui est conservée dans l'alcool, a neuf pouces de long, et paraît offrir une époque très-peu
ncée de la vie de l'animal, ainsi qu'on peut le voir à la nageoire de la queue et aux opercules ou couvercles des
es, qui n'ont point encore atteint toute leur grandeur. Ces opercules, dans l'état qu'ils présentent ici, con-
ent chacun dans trois lobes dentelés qui cachent à la vue les ouïes, et sont placés exactement au-dessus des
x pieds. Ces pieds apparaissent comme de petits bras ou de petites mains, fournissant chacun quatre doigts, qui
: armés d'une griffe.

Dans le spécimen *A*, qui a trente et un pouces de long, la tête ressemble un peu à celle de l'anguille, mais
est plus comprimée; les yeux sont petits et placés comme ceux de l'anguille; chez ce sujet ils sont à peine
oles. Cette petitesse des yeux convient très-bien à un animal qui vit autant que lui dans la vase. Les narines se
nguent clairement; ces narines, avec les ouïes et la longueur remarquable des poumons, démontrent que cet
mal est un véritable amphibie. La bouche est petite en proportion du corps; mais le palais et la face interne de
âchoire inférieure (voy. *fig. C*) sont garnis de plusieurs rangées de dents pointues; avec cette armure natu- '
: et le caractère osseux et tranchant du bord extérieur des deux mâchoires, l'animal semble capable de mordre
: broyer les aliments les plus durs. La peau, qui est noire, est pleine de petites écailles qui la font ressembler
: chagrin. Ces écailles sont de grandeur et de forme différentes suivant leur situation, mais toutes paraissent
foncer dans la surface gélatineuse de la peau: celles qui occupent le dos et le ventre sont oblongues, ovalaires,
approchées les unes des autres: dans les autres régions, elles sont arrondies et moins confluentes. Les deux
: latérales du corps sont parsemées de petites taches blanches, et présentent deux lignes distinctes constituées
de petites raies blanches; et qui se continuent dans toute l'étendue du corps, depuis les pieds jusqu'à la queue.
nageoire de la queue n'est point rayonnée, et n'est rien autre chose qu'une membrane adipeuse comme celle
'anguille; cette nageoire apparaît plus distinctement chez l'animal desséché que chez les sujets qui ont été con-
és dans l'alcool.

Les opercules qui recouvrent les ouïes chez les sujets desséchés se montrent ratatinés; mais on peut encore
clairement qu'ils étaient bi-pinnés (*doubly pennated*). Sous ces opercules sont les ouvertures des ouïes, au
bre de trois de chaque côté, de même que les opercules. La *fig. F* représente les nageoires telles qu'elles se
trent au moment où l'animal vient d'être retiré de l'eau et placé dans l'alcool.

La forme de ces opercules pinnés (*pennated*) se rapproche beaucoup de ce que j'ai remarqué dernièrement
: la larve ou état aquatique du *Lacerta* anglais, connu sous le nom de *Eft* ou *Newt* (espèce de lézard). Dans ce
ier, des appendices analogues lui servent de couvercles pour ses ouïes, et de nageoires pour nager, pendant qu'il
dans cet état (*voy.* fig. *D* et *E*); il perd ces appendices et la nageoire de sa queue, quand il change d'état et de-
t animal terrestre, ainsi que je l'ai observé en conservant quelques-uns de ces animaux vivants pendant quel-
temps. » (*Extr. du Mémoire de M. Ellis*, dans *Phil. Trans.*, t. 56, p. 189.)

PLANCHE LIII.

TORPILLE *mâle et femelle* (*torpedo narke*, Cuv.).

1. La femelle vue par sa face inférieure. *a* la peau a été détachée et renversée de côté pour mettre à découvert
l'organe électrique droit, qui se compose de colonnes blanches flexibles, rapprochées les unes des autres, et af-
fectant pour la plupart un arrangement hexagonal, qui donne à cette partie l'aspect général d'un rayon de miel
en miniature. Ces colonnes ont reçu quelquefois le nom de cylindres; mais comme il n'y a entre elles aucun
interstice, elles sont toutes anguleuses et présentent principalement six angles. *b* la peau qui recouvrait l'organe,
présentant à sa face profonde une structure réticulaire hexagonale. *c* les narines, se présentant sous la forme
d'un croissant; *d* la bouche, figurant un croissant en sens inverse de celui des narines, garnie de plusieurs rangées de très-petites dents crochues; *e* les ouvertures branchiales, au nombre de cinq de chaque côté. *f* la place
occupée par le cœur. *g g* la situation des deux cartilages transverses antérieurs, qui, passant, l'un au-dessus
et l'autre au-dessous de l'épine, soutiennent le diaphragme, et qui, en se réunissant vers leurs extrémités,
forment de chaque côté une espèce de clavicule et de scapulum. *h h* le bord externe ou libre de la
grande nageoire latérale. *i i* son bord interne ou adhérent, qui côtoie l'organe électrique. *k* l'articulation de
la grande nageoire latérale avec le scapulum. *l* l'abdomen. *m m m* la situation du cartilage transverse postérieur, lequel est unique, s'unit avec l'épine, et soutient de chaque côté la petite nageoire latérale. *n n n n* les
deux petites nageoires latérales. *o* l'anus. *p* la nageoire de la queue.

2. Face supérieure de la femelle. *a a* la partie supérieure de l'organe électrique droit. *b* la peau qui recouvrait
cet organe. *c* les yeux, faisant saillie et regardant horizontalement en dehors, mais pouvant se retirer dans
leurs orbites. *d* deux ouvertures circulaires communiquant avec la bouche, et garnies l'une et l'autre d'une

membrane, qui, dans l'air comme dans l'eau, joue régulièrement en arrière et en avant, en travers d'
verture, dans l'acte de l'inspiration. *e* la place des branchies droites. *f* les deux nageoires dorsales.
place des cartilages transverses antérieurs.

Fig. 3. Face inférieure du mâle, dont la grandeur, ainsi que l'indique le dessin, est, en général, moindre qu
de la femelle. *a a* deux appendices qui distinguent le mâle de la femelle.

PLANCHE LIV.

Organes électriques de la TORPILLE.

Fig. 1. Surface supérieure de l'organe électrique. *A A* les téguments communs. *B* le trou inspiratoire. *C* l'œ
partie dans laquelle les branchies sont renfermées. *E E E* la peau disséquée de dessus l'organe électri
renversée en dehors; la structure hexagonale de sa face profonde correspond avec la surface supérie
l'organe. *F* la portion de peau qui couvrait les branchies, offrant quelques-unes des ramifications d'u
duit excréteur. *G G G* la surface supérieure de l'organe électrique, formée par les extrémités supérieu
colonnes verticales.

Fig. 2. L'organe électrique droit, divisé horizontalement en deux parties presque égales au niveau de l'end
les nerfs y pénètrent; la moitié supérieure est retournée en dehors. *A A. B B. C C. D D.* les portions
pondantes des troncs nerveux qui sortent des branchies et vont se ramifier dans l'organe. *A A* le p
tronc ou tronc antérieur, naissant précisément devant les branchies. *B B* le deuxième tronc ou tronc n
naissant derrière la première branchie. *C C* la branche antérieure du troisième tronc, naissant derr
seconde branchie. *D D* la branche postérieure du troisième tronc, naissant derrière la troisième branc

PLANCHE LIV bis.

Section transversale de toute l'épaisseur du corps de la torpille un peu au-dessous des trous inspiratoires
A A la surface supérieure du poisson. *B B* surface de section des muscles dorsaux. *C* la moelle épinière. *D*
phage. *E* la branchie gauche, incisée pour mettre à découvert le trajet d'un tronc nerveux qui la tr
F la surface respiratoire de la branchie droite. *G G* les nageoires. *H H* les colonnes verticales qui con
l'organe électrique, avec une représentation de leurs divisions horizontales. *I* un des troncs nerveux a
ramifications.

PLANCHE LV.

GYMNOTUS ELECTRICUS.

Fig. 1. La totalité de l'animal arrivé à son développement complet. Il est couché sur le côté, ce qui permet
toute la nageoire inférieure. La tête est retournée de manière qu'on en puisse voir la partie supérieu
laquelle on aperçoit les yeux, etc.

Fig. 2. L'animal est couché dans la même position; mais la tête est retournée dans le sens inverse, pour qu
voie la partie inférieure. Entre les deux nageoires, et au-devant de la naissance de la nageoire inférieu
voit la cavité de l'abdomen; à la partie antérieure de cette cavité est l'anus.

PLANCHE LVI.

Organes électriques du GYMNOTUS.

Cette planche représente la totalité des deux organes d'un côté; la peau a été enlevée aussi loin que ces o
s'étendent. *A* surface inférieure de la tête. *B* la cavité du ventre. *C* l'anus. *D* la nageoire pectorale. *E* le
poisson dans l'endroit où la peau n'a point été enlevée. *F F* la nageoire qui s'étend tout le long du bor
rieur du poisson. *G G G* la peau renversée en haut. *H H H* les muscles latéraux de la nageoire inférieu
ont été enlevés avec la peau afin de mettre à découvert le petit organe électrique. *I* (on a mis *L* par e
une portion de ces muscles laissés en place. *K K K* le grand organe. *L L L* le petit organe. *M M M* la sub
qui sépare le grand organe du petit. *N* (on a mis *D* par erreur); en cet endroit, la substance en questio
enlevée dans une petite étendue.

PLANCHE LVII.

Suite des organes électriques du GYMNOTUS.

Fig. 4. Section de toute l'épaisseur du poisson auprès de sa partie supérieure; ce dessin est un peu plus gra nature. La peau a été enlevée jusqu'au niveau du bord postérieur de l'organe électrique et des autres parties qui lui appartiennent immédiatement, telles que la moelle épinière. On a enlevé plusieurs fragments de l'organe, afin de faire voir toutes les parties qui sont en relation avec lui. Aux deux extrémités de la figure *FF*, l'organe est entier, la peau seulement ayant été enlevée. *A A* le corps de l'animal, auprès du dos, recouvert par la peau. *B B* la nageoire ventrale, recouverte également par la peau. *C* une portion de la peau enlevée de dessus l'organe électrique et renversée. *D D* les muscles qui meuvent la nageoire latéralement et qui couvrent immédiatement le petit organe. *E* les muscles moyens de la nageoire, situés immédiatement entre le petit organe d'un côté et celui de l'autre. *F F* la surface extérieure du gros organe, telle qu'elle se présente quand la peau est enlevée. *G* le petit organe, tel qu'il apparaît après l'ablation des muscles latéraux. *H H* les surfaces de section des muscles du dos, que l'on a enlevés afin de mettre à découvert les parties profondément situées. *I I* surfaces de section du gros organe, dont on a également enlevé une partie afin de découvrir les parties situées plus profondément. *K* surface de section du petit organe divisé. *L* une partie profonde du gros organe, la portion plus superficielle ayant été enlevée. *M* extrémité divisée de cette partie. *N* une section du petit organe. *O O* la cloison moyenne qui sépare le grand organe d'un côté de celui du côté opposé. *P* une membrane graisseuse, qui sépare le gros organe du petit. *Q* la vessie natatoire. *R* les nerfs qui se rendent à l'organe électrique. *S* la moelle épinière. *T* le nerf latéral (*nervus lateralis*).

g. 5. Section transversale du poisson, permettant de voir d'un seul coup d'œil toutes les parties qui entrent dans sa composition. *A* la surface externe du poisson. *B* la nageoire ventrale. *C C C C* surfaces de section des muscles du dos. *D* la cavité de la vessie natatoire. *E* le corps de l'épine. *F* la moelle épinière. *G* la grande artère et la grande veine. *H H* surfaces de section des deux grands organes. *I I* surfaces de section des deux petits organes. *K* cloison située entre les organes électriques d'un côté et ceux de l'autre.

PLANCHE LVIII.

ANIMAL FLEUR DES BARBADES (*serpula gigantea*, Pallas).

g. 1. Cette figure offre un dessin de l'animal privé de vie et conservé dans l'alcool. Il est représenté un peu plus grand que nature. *A* la partie inférieure du corps. *B B* les cartilages qui attachent l'animal aux parois de la cavité dans laquelle il réside. *C* un des cônes, recouvert par sa membrane et affaissé. *D* la dernière spirale de la membrane et ses tentacules étalés. *E E* les sections des bords de la membrane divisée; ces bords sont écartés de chaque côté pour laisser voir le cône. *F* (on a oublié le trait qui devait indiquer la partie à laquelle s'applique cette lettre) le cône, que l'on aperçoit dans les intervalles qui existent entre les spirales de la membrane. *G* la coquille mobile avec son enveloppe cartilagineuse lisse, vue par sa face externe. *H* l'extrémité aplatie de la coquille mobile, garnie de poils. *I I* les deux griffes qui naissent de la surface de l'extrémité aplatie de la coquille mobile. *K* l'anus, dans lequel on a introduit une soie de cochon.

g. 2. Dans cette figure, on voit l'animal avec ses tentacules développés pour chercher sa nourriture, tel qu'il se montre dans la mer; elle a été faite d'après un dessin exécuté aux Barbades, où l'on ne put se procurer un dessinateur tandis que l'animal était vivant. Cette figure, comme la première, est plus grande que l'animal. *a* espèce de pierre molle dans laquelle l'animal fut trouvé. *b* la coquille extérieure, proéminente. *c c* la membrane qui est poussée au dehors avec les cônes et la coquille mobile, et qui forme un repli sur les bords de la coquille proéminente. *d d* les membranes et les tentacules à l'état d'expansion. *e* le côté interne de la coquille mobile, tel qu'il apparaît quand il est poussé au dehors. *f* le trou de la pierre molle, quand on en a séparé la coquille proéminente, comme on en voit sur beaucoup d'échantillons de ces espèces de pierre.

PLANCHE LIX.

g. 1. Un des crânes fossiles qui ont été envoyés par le margrave d'Anspach; il est beaucoup plus volumineux que celui de l'ours blanc commun; il est plus long eu égard à sa largeur, et présente une excavation plus grande entre la partie antérieure du crâne et les os de la face (*).

g. 2. Un autre crâne, qui diffère sous beaucoup de rapports du précédent, et à peu près au même degré que le premier diffère du crâne de l'ours blanc actuellement existant (**).

(*) Ce crâne appartient à l'espèce éteinte appelée par Cuvier *ursus spelæus*. RICHARD OWEN.
(**) C'est l'*ursus arctoideus* de Cuvier. RICHARD OWEN.

PLANCHE LX.

Fig. 1. Une portion de crâne. On ne sait au juste à quel animal ce fragment appartient, à moins qu'il ne représen une période du développement des os dans l'une des variétés de l'espèce de l'ours blanc; mais il diffère no blement des crânes complétement développés qui sont représentés dans la planche 59; il est un peu plus la en proportion (*),

Fig. 2. Deux humérus fossiles destinés à démontrer que ces os varient beaucoup entre eux. Ces deux os sont, effet, différents sous beaucoup de rapports (**).

PLANCHE LXI (***).

Pièces d'anatomie pathologique présentées par M. Ricord à l'Académie de médecine.

Je ferai précéder la description de chacune d'elles par quelques détails de l'histoire de la maladie, qui m'ont communiqués par M. le docteur Léon Rattier. G. R.

1re OBSERV. Boisseau, dessinateur-géographe, âgé de cinquante-deux ans, entra à l'hôpital du Midi le 2 avril 18 salle 2, n° 13. Il avait été quatre fois affecté de blennorrhagie à des époques qu'il ne put préciser; les trois p mières maladies disparurent avec facilité et en peu de temps, à l'aide de tisanes rafraîchissantes; mais le dern écoulement, d'abord peu intense, devint progressivement très-abondant et très-douloureux, et après deux mois durée sans traitement, il se compliqua d'une épididymite à droite, qui datait de huit jours lors de l'entrée malade dans le service de M. Ricord. On constata aussi la présence d'une hydrocèle à l'état aigu, que l'on traita la ponction. A deux reprises, des sangsues furent placées sur le trajet du cordon testiculaire, et l'on recouvr scrotum de cataplasmes. Il y eut un peu de diminution dans le volume de la tumeur; mais la douleur, qui avait parupresque immédiatement après la ponction à l'aide de laquelle on avait soustrait le testicule à la pression opérée le liquide renfermé dans la tunique vaginale, revint le troisième jour avec un nouvel épanchement, qui dut enc être évacué; enfin, le liquide s'étant reproduit une troisième fois, M. Ricord, malgré l'état aigu, pratiqua une inject avec l'infusion vineuse de roses de Provins, et la guérison marcha comme dans les cas les plus simples. La b norrhagie, toujours très-douloureuse. fournissait un pus verdâtre et mêlé de quelques stries sanguinolentes, fut inoculé à la cuisse gauche et donna la pustule caractéristique du chancre. Enfin, le 14 juin, l'épididymit l'hydrocèle étaient parfaitement guéries, mais l'écoulement avait été fort peu modifié, malgré l'usage du cub et du copahu. Boisseau fut obligé de sortir de l'hôpital pour des affaires particulières; mais il rentra le 21 j salle 3, n° 2, avec une épididymite à gauche, compliquée d'hydrocèle. La tunique vaginale était très-tendue; avait de vives douleurs au testicule. M. Ricord évacua le liquide à l'aide d'une ponction et les souffrances cessèr ensuite il introduisit une mèche dans l'intérieur de la tunique vaginale, afin d'empêcher une nouvelle accumula de sérosité. Malgré les antiblennorrhagiques balsamiques et astringents dont on avait repris l'usage, l'écouler devint de plus en plus abondant; le malade paraissait très-abattu : sueurs nocturnes, marche rapide d'un mara général, constipation. On donna un léger purgatif : évacuation fétide; l'urine devint trouble et présenta des de pus; prostration croissante; enfin, mort le 4 août.

Fig. 1. (*Autopsie*). L'urètre *b* et la vessie *c* ayant été ouverts par la partie supérieure, on reconnut que le c urinaire était détruit dans toute sa portion membraneuse et prostatique, et creusé de profondes ulcéra *ddd* ayant tous les caractères de l'ulcère primitif phagédénique; la prostate *e* était profondément entam en avant, un lambeau de l'urètre *f* adhérent par sa base, détaché des parties sous-jacentes, arrondi et hype phié, flottait dans le pus; en arrière existait aussi un lambeau plus large *g*, dur et épais. A l'intérieur de la ve on trouva plusieurs ulcérations *h h* arrondies, à bords taillés à pic, offrant les caractères de l'ulcère syphili primitif, et ayant détruit toute l'épaisseur de la muqueuse. Parmi ces ulcérations, la plupart à la périod progrès, on en voyait quelques-unes presque cicatrisées, et vers le trigone vésical quelques légères dépressio surface lisse et blanchâtre indiquaient des cicatrices. La vésicule séminale gauche offrait à l'intérieur un purulent, qui avait détruit sa partie moyenne, et communiquait avec le tissu cellulaire ambiant par des ou

(*) Ce fragment paraît appartenir à l'espèce éteinte que Goldfuss a appelée *ursus priscus*. RICHARD OWEN.
(**) Une des différences les plus remarquables consiste en ce que le condyle interne est perforé sur un de ces humérus que cela ne soit point représenté dans la planche), ce qui présente une analogie avec la tribu chat, tandis qu'il est imperfor l'autre, comme on le voit dans les espèces d'ours actuellement existantes. RICHARD OWEN.
(***) Les planches 61 et 62 ont été ajoutées à l'Atlas anglais. G. R.

tures arrondies, à bords nettement tranchés. Du même côté, le conduit éjaculateur et le canal déférent, ulcérés et pleins de pus, communiquaient avec l'épididyme suppuré, dont il ne restait en quelque sorte que l'enveloppe. Le pus avait même déjà entamé le testicule, à la surface duquel on voyait plusieurs brides ou fausses membranes établissant de nombreuses adhérences avec les parties correspondantes de la tunique vaginale; on n'avait pratiqué cependant, comme nous l'avons dit plus haut, qu'une simple ponction palliative. La vésicule séminale droite était saine, ainsi que le testicule correspondant, sur lequel l'injection vineuse avait amené l'adhérence complète des deux feuillets de la tunique vaginale.

En terminant cette observation, nous croyons important de rappeler que les antiphlogistiques, les balsamiques et les astringents avaient été seuls employés contre les affections blennorrhagiques de Boisseau, et que mais il n'avait fait usage d'injection, ni n'avait été sondé.

2ᵉ onsenv. Bourdon (Adolphe), âgé de dix-huit ans, doreur, entra à l'hôpital le 16 août 1836, salle 7, n° 30. u de jours après des relations suspectes, ce malade s'était aperçu de la présence d'un chancre siégeant sur la uronne du gland, près du frein; aucun traitement ne fut opposé aux progrès de l'ulcère, qui s'étendit de oche en proche. Le méat urinaire était rouge et gonflé; il s'en échappa d'abord un peu de matière sanguinonte, puis du pus, dont la quantité augmenta progressivement, de manière à offrir l'apparence d'un écoulement ondant. Il y eut des douleurs assez vives pendant l'émission de l'urine. A la suite d'un travail forcé et de quelles excès auxquels Bourdon s'était livré, le prépuce, déjà étroit, devint œdémateux, et il s'établit un phimosis i força le malade à se présenter dans un hôpital. On voulut pratiquer le débridement par la partie inférieure; ais la division porta sur le côté; les bords de la plaie, inoculés par le pus virulent, s'ulcérèrent et devinrent durs épais. La maladie fit des progrès assez rapides. Malgré divers traitements, la totalité de la couronne du gland lcéra, et les lèvres du méat urinaire furent détruites par un chancre. N'obtenant pas d'amélioration dans son t, Bourdon revint chez lui; mais, peu de jours après, il vint se présenter à la consultation de M. Ricord. Ad- s dans la septième salle, n° 30, Bourdon paraît très-faible, par suite d'un extrême amaigrissement. Cependant s fonctions digestives s'exécutent régulièrement; il y a un peu de toux, et la poitrine offre seulement un u de matité vers la partie supérieure du poumon droit; la respiration se fait librement; on ne remarque sur peau aucune trace d'éruption syphilitique. La couronne du gland, le méat urinaire et les bords de la division ultant de l'opération du phimosis, sont ulcérés, et présentent les caractères extérieurs du chancre à la période progrès. L'écoulement est abondant, légèrement sanieux; l'émission de l'urine est très-douloureuse, surtout rs la fin, et les dernières gouttes du liquide entraînent quelques filets de sang. Le passage des matières fécales casionne de la douleur vers le col de la vessie. On inocule la matière de l'écoulement urétral sur la cuisse gau- e; le troisième jour, la pustule est formée; on cautérise profondément avec le nitrate d'argent; on panse les ul- rations avec une solution concentrée d'opium. Le 4 septembre, l'état aigu persiste; il y a toujours beaucoup douleur. La pustule de la cuisse a été détruite par la cautérisation. On panse avec la pommade au calomel et à pium. Le 20 septembre, le malade se plaint d'incontinence d'urine; le ténesme vésical qu'il éprouvait depuis elque temps est un peu plus supportable. L'amaigrissement va toujours croissant; la faiblesse est extrême. Pen- nt les mois d'octobre et de novembre, les symptômes morbides se sont constamment aggravés; l'urine filtre con- uellement; il se déclare une diarrhée opiniâtre. M. Ricord attribue l'incontinence d'urine à des ulcérations qui raient gagné le col vésical. Dans les premiers jours de décembre, l'état du malade paraît sans ressource; le rasme fait des progrès rapides; enfin la mort arrive le 20 décembre.

g. 2. (*Autopsie*.) L'urètre c et la vessie b ayant été divisés par la partie supérieure, on reconnut que l'ulcération du méat urinaire f s'étendait à quatre lignes de profondeur dans l'urètre; plus en arrière, à un pouce, une autre ulcération g, oblongue, de huit lignes de longueur sur quatre de largeur, avait détruit toute l'épaisseur de la muqueuse. Les régions membraneuse et prostatique, le col de la vessie et la prostate elle-même sont le siége d'une vaste ulcération ayant tous les caractères du chancre phagédénique serpigineux, offrant çà et là des enfoncements h, i, j, arrondis et à bords taillés à pic. Il reste à peine des traces du col vésical; les lobes latéraux de la prostate sont remplacés par deux vastes excavations k, l, irrégulières, communiquant entre elles au-dessous d'une languette m formée par un lambeau de muqueuse hypertrophiée. La cavité vésicale est diminuée de moitié; la muqueuse a disparu, et se trouve remplacée par une surface mamelonnée résultant d'une hypertrophie des bourgeons charnus sur une ulcération à la période de réparation; les bords de la coupe dd qui divise perpendiculairement l'organe, offrent une épaisseur presque triple de celle qu'ils ont à l'état sain.

g. 3. On voit à la couronne du gland a une ulcération circulaire dont quelques parties sont à la période de ré- paration; le prépuce est hypertrophié, et les bords b, c de la division pratiquée pour opérer le phimosis sont ulcérés; le chancre du méat urinaire d est partout en voie de cicatrisation.

L. RATTIER.

PLANCHE LXII.

Coarctotôme urétral et porte-caustique de M. Ricord.

Fig. 1. Coarctotôme courbe. Pour renfermer l'instrument tout monté dans le cadre de la planche, il a été réduit d'un tiers et brisé à sa partie moyenne.

Fig. 2. Lame du coarctotôme, sur la tige de laquelle on voit le curseur ou graduateur (grand. nat.).

Fig. 3. Conducteur (grand. nat.).

Le coarctotôme de M. Ricord, formé seulement de trois pièces, est, sans contredit, le plus simple et le plus solide de tous ceux qui ont été proposés, et son mécanisme est tel, qu'il agit comme un bistouri dirigé avec certitude sur le rétrécissement à l'aide d'une sonde cannelée. La manœuvre de l'instrument est on ne peut plus facile. En effet, la lame, *fig.* 2, dont on peut varier, selon le besoin, la forme ou l'étendue, se meut à l'aide d'une forte tige et par un mouvement de retrait se cache tout entière dans le conducteur, *fig.* 3, lorsqu'on veut procéder à l'introduction de l'instrument, sur lequel des graduations convenablement espacées permettent d'arriver exactement sur le point rétréci, dont on a, du reste, mesuré d'avance la profondeur avec un explorateur ordinaire. Alors le curseur, que l'on fixe sur la tige à l'aide de la vis de pression, *b*, *fig.* 1 et 2, laissant à découvert plus ou moins de degrés marqués sur la tige au point *c*, indique quelle sera la proéminence de la lame, lorsque, poussée en avant, elle viendra faire saillie comme dans la *fig.* 1, au point *a*, en s'élevant sur un talus qui termine la cannelure du conducteur, *fig.* 3, et qui offre à sa partie supérieure un cul-de-sac, dans lequel vient s'engager l'onglet *a* placé à l'extrémité de la lame, *fig.* 2, qui ne peut ainsi échapper de la rainure du conducteur, et dont le tranchant se trouve dirigé avec la plus grande régularité. Un mouvement de retrait opéré sur la tige fait rentrer la lame dans le conducteur, et l'on peut retirer l'instrument sans crainte de blesser l'urètre. Nous ne compterons pas au nombre des moindres avantages de l'instrument de M. Ricord, la facilité avec laquelle on peut le nettoyer de la manière la plus complète, et le préserver ainsi de la rouille, qui, dans presque tous les scarificateurs compliqués, vient rend souvent impossible le jeu des pièces, et, ce qui est bien plus grave, les ronge et les fait casser pendant l'opération.

Fig. 4. *Porte-caustique.* Dans un seul instrument, M. Ricord a réuni tous les avantages des meilleurs porte-caustique. Une sonde en gomme élastique, garnie à ses deux extrémités d'armatures métalliques, dont la supérieure est surmontée d'une rondelle, offrant deux vis, *dd*, pour fixer l'introduction des pièces, est destinée à s'arrêter devant le rétrécissement, et à en fixer ainsi la partie antérieure. Dans la sonde ou chemise se meut une canule *aa'*, à l'aide de laquelle on pratique le cathétérisme du point que l'on veut cautériser; et dès qu'on l'a franchi par un mouvement de rotation on fait saillir latéralement la lentille excentrique qui termine le stylet *b b'*. Cette lentille sert à accrocher la partie postérieure du rétrécissement, qui se trouve dès lors compris entre elle et l'extrémité de la sonde extérieure ou chemise. La pièce étant ainsi disposée, par un mouvement de retrait de la canule *aa'* on laisse à découvert la cuvette *b'*, dans laquelle du nitrate d'argent fondu permet de cautériser les parties qui se trouvent opposées, ou bien, par un mouvement de rotation imprimé au stylet porte-cuvette, on pratique une cautérisation circulaire.

L. RATTIER.

ERRATUM.

Page 16, dernière ligne de l'explication de la planche 25 : ..... comme le sac est distendu par de l'eau.
Lisez : ..... comme quand le sac est distendu par de l'eau.

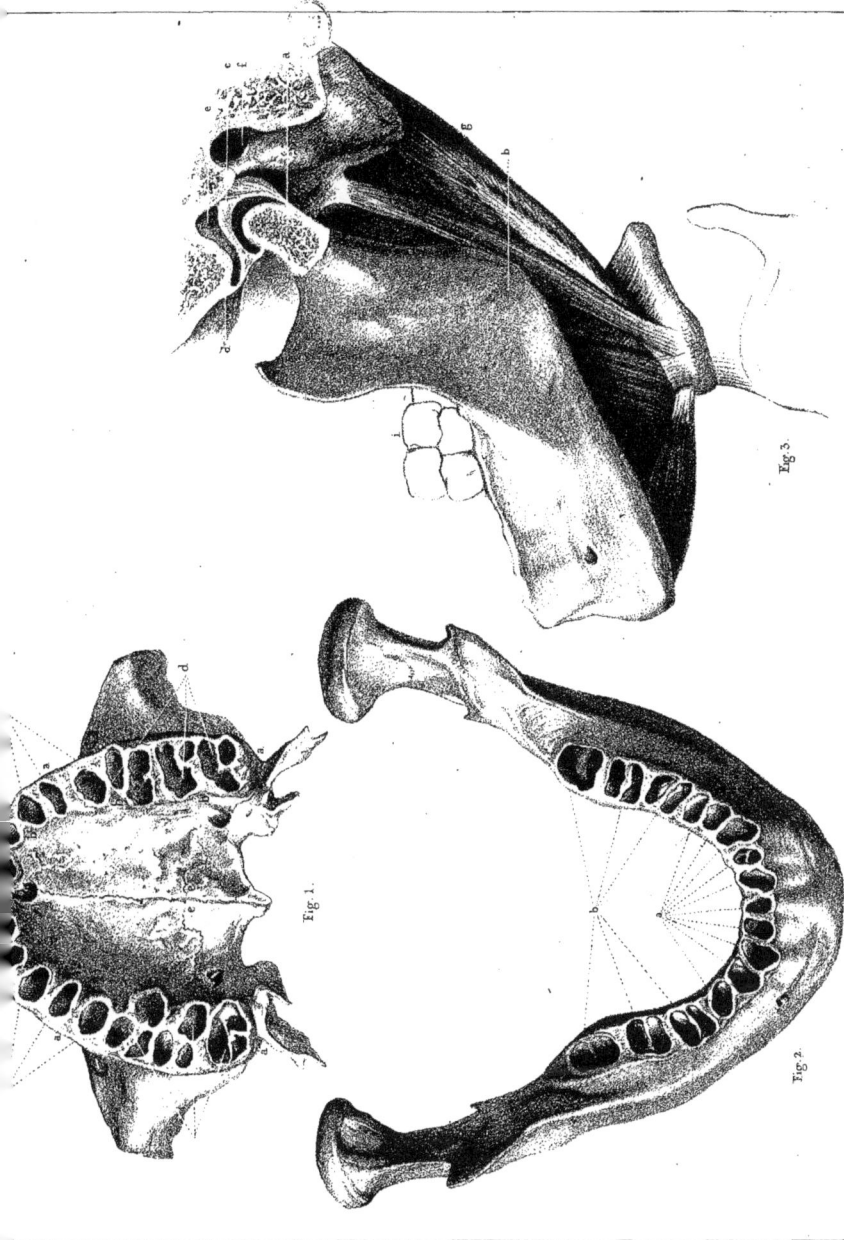

Fig 1.

Fig 2.

Fig 3.

Lith. de Fouquemin.

Lith. d'après nature par Emile Beau

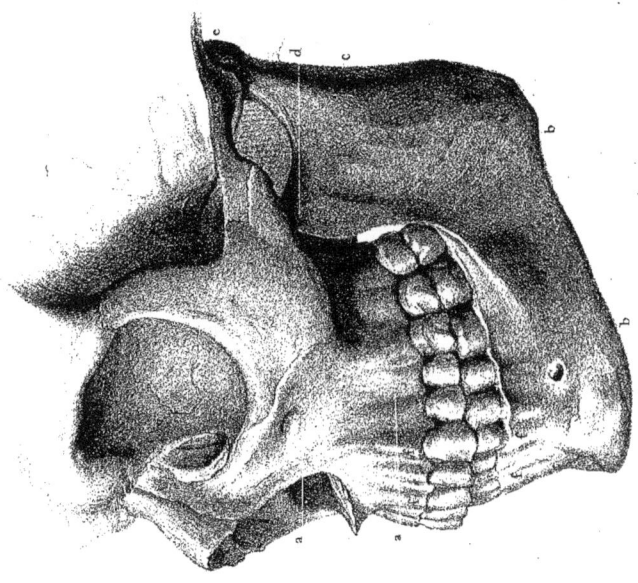

Fig.2.

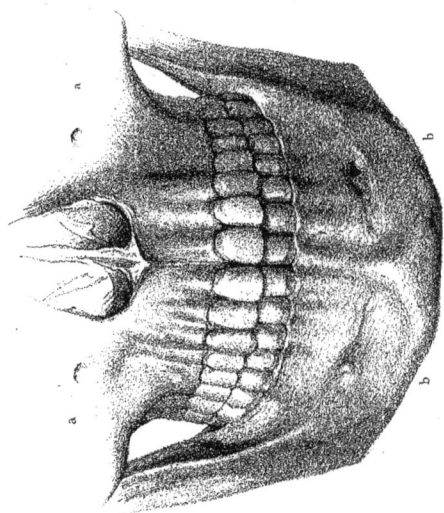

Fig.1.

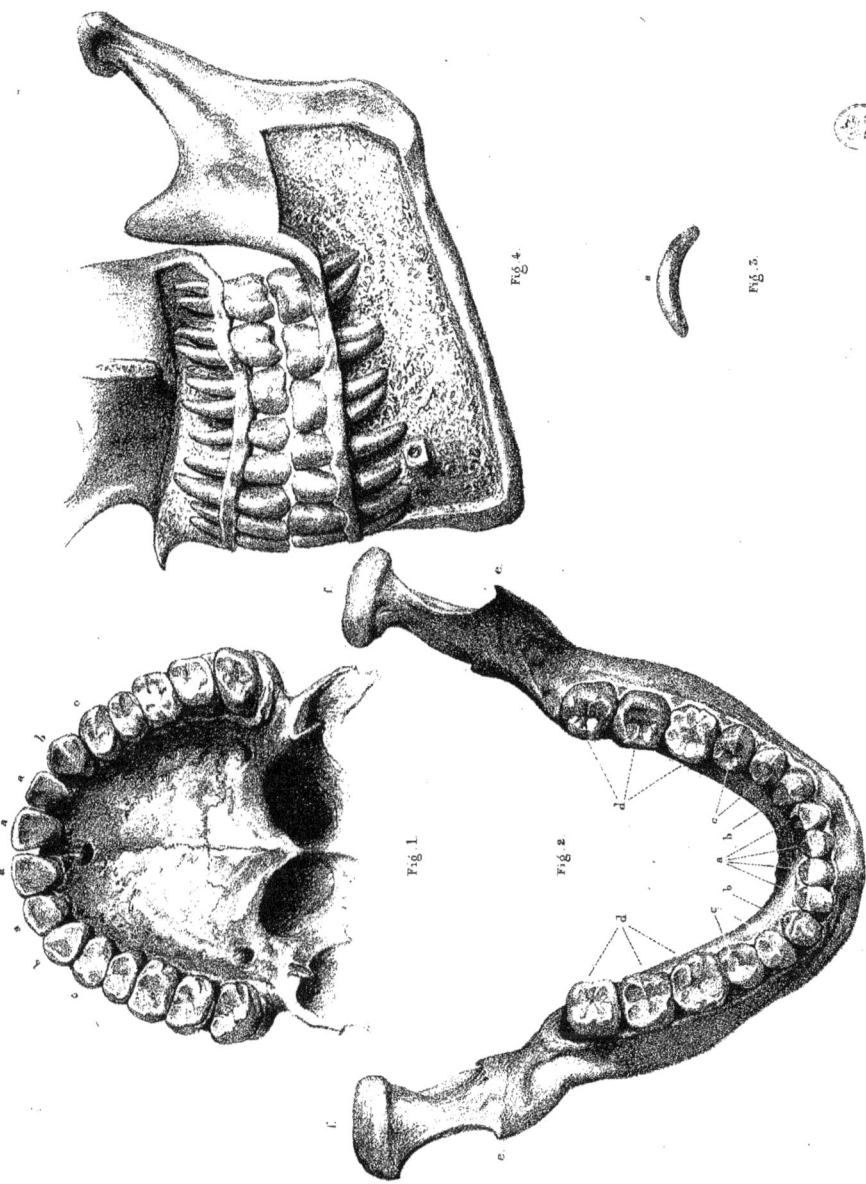

Fig 4

Fig 3.

Fig 1

Fig 2

Pl. 4.

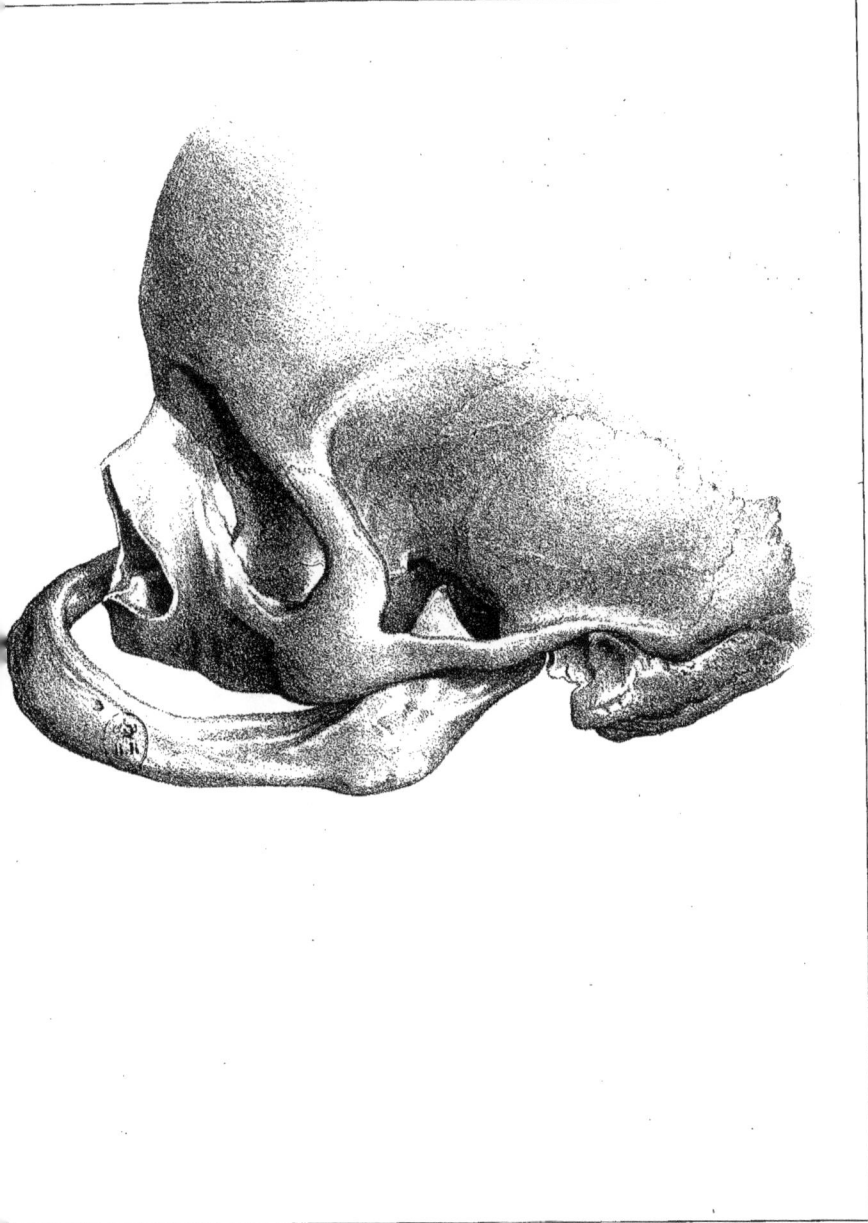

mile Beau.

Lith de Fourquemin.

Je certifie le tirage conforme à la présente
épreuve

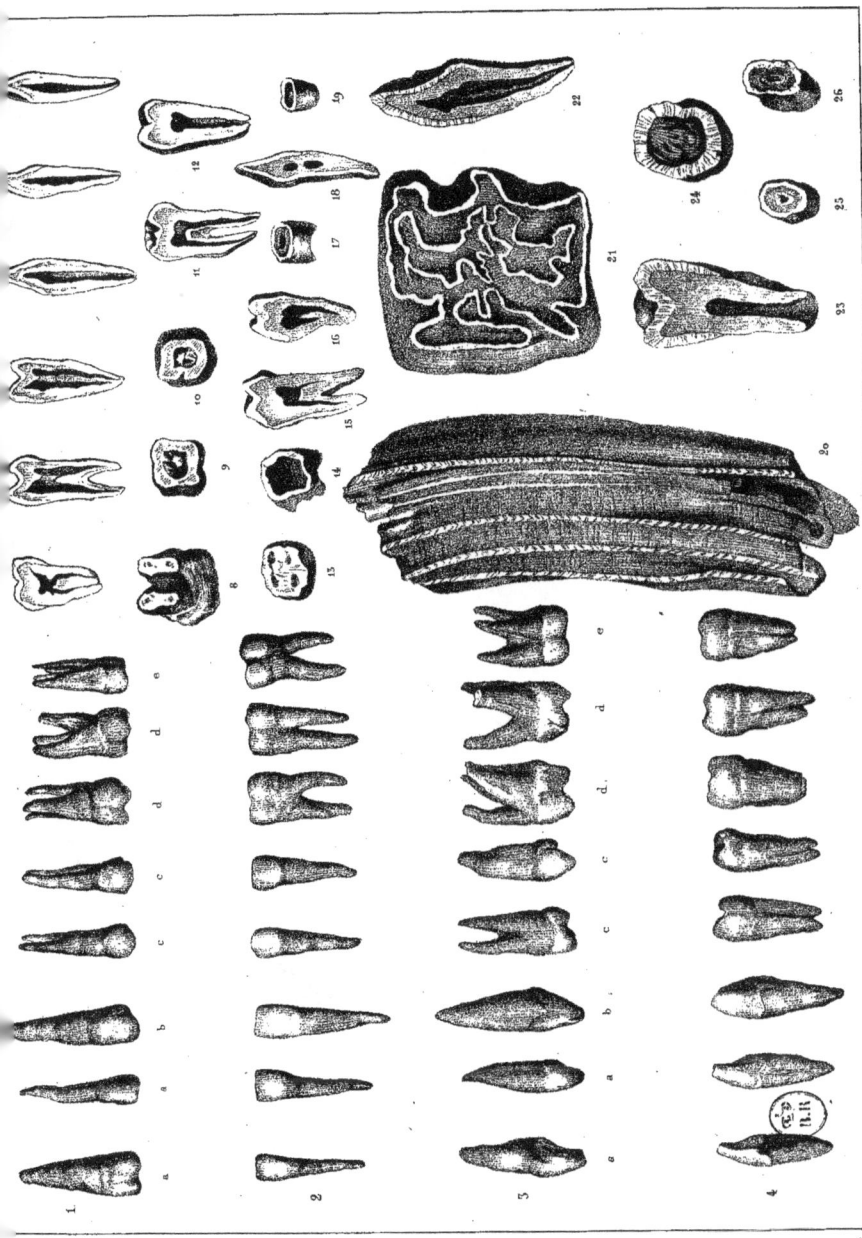

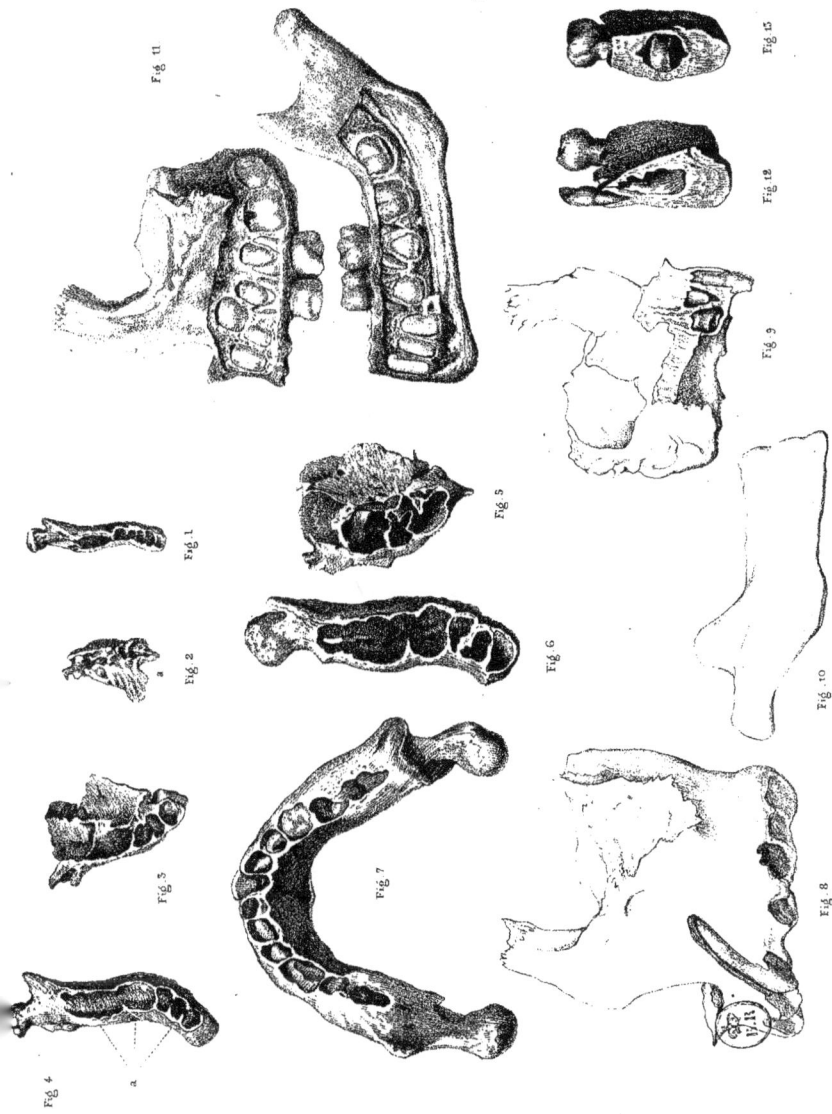

Fig. 11

Fig. 13

Fig. 12

Fig. 9

Fig. 1

Fig. 5

Fig. 2

Fig. 6

Fig. 10

Fig. 3

Fig. 7

Fig. 8

Fig. 4

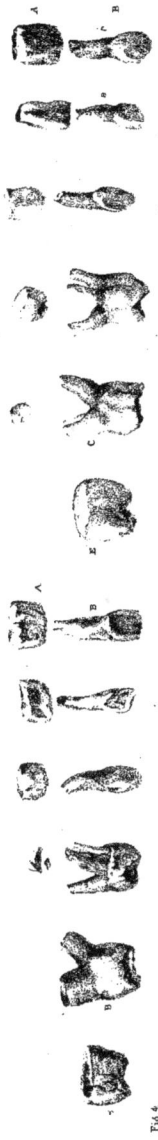
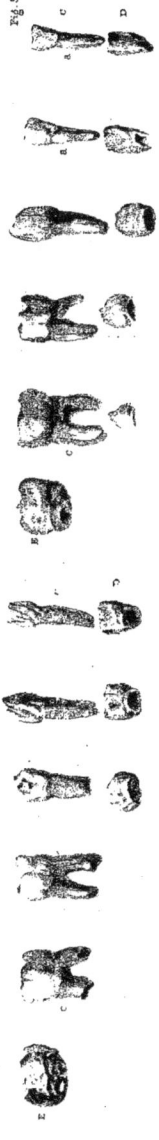
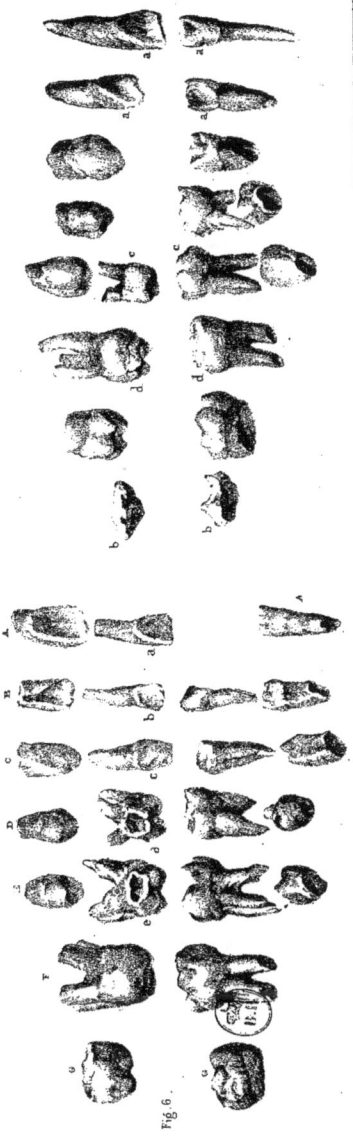

Fig. 1

Fig. 4

Fig. 5

Fig. 6

Fig. 7

Dessiné par Emile Beau

Lith. de Fourquemin.

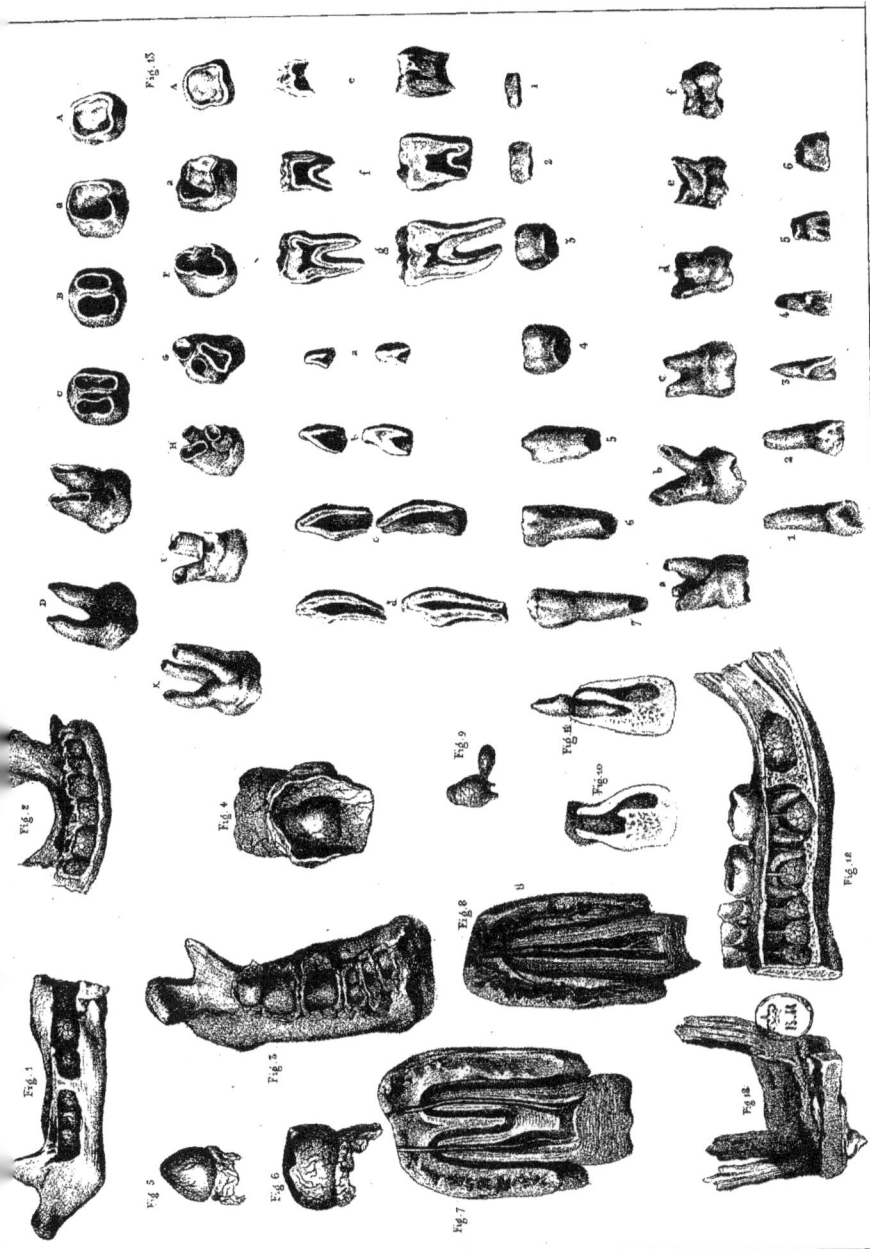

Fig. 1

Fig. 2

Fig. 3

Fig. 4

Fig. 5

Fig. 6

Fig. 7

Fig. 8

Fig. 9

Fig. 10

Fig. 11

Fig. 12

Fig. 13

Pl.9.

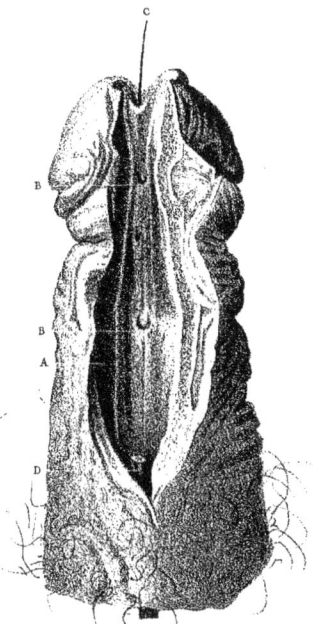

Fig.2.

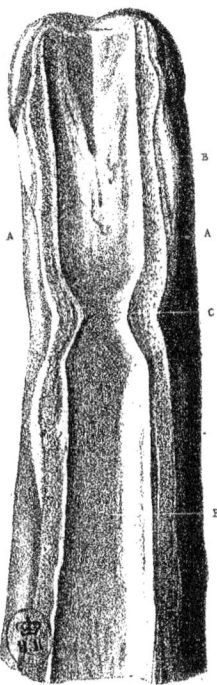

Fig. 1.

Lith. par Emile Beau.   Imp Lith. de Fourquemin.

Pl. 10.

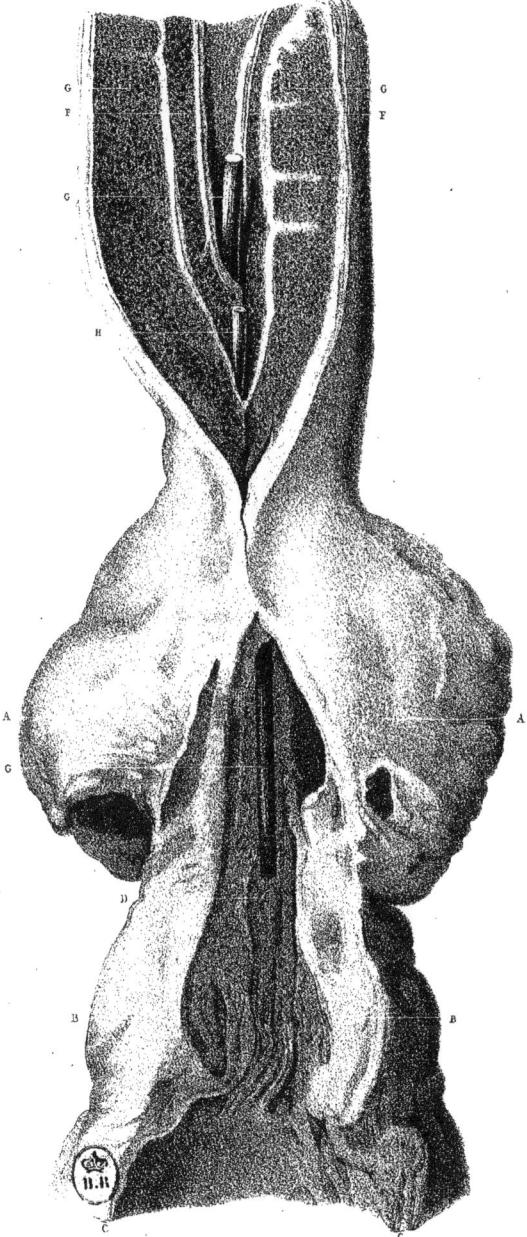

Imp. Lith. de Fourquemin.

Je certifie tout le tirage conforme à la présente
épreuve

Pl. 11.

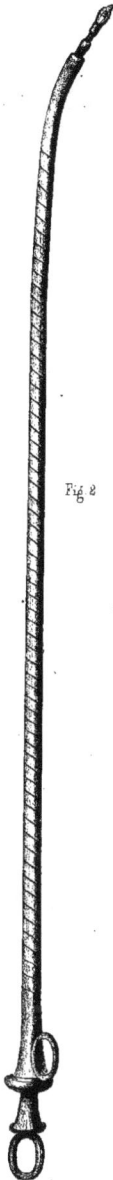

Fig. 1   Fig. 2   Fig. 3

mile Beau.   Lith. de Fourquemin.

Je certifie tout le tirage conforme à la présente
épreuve

Pl.12.

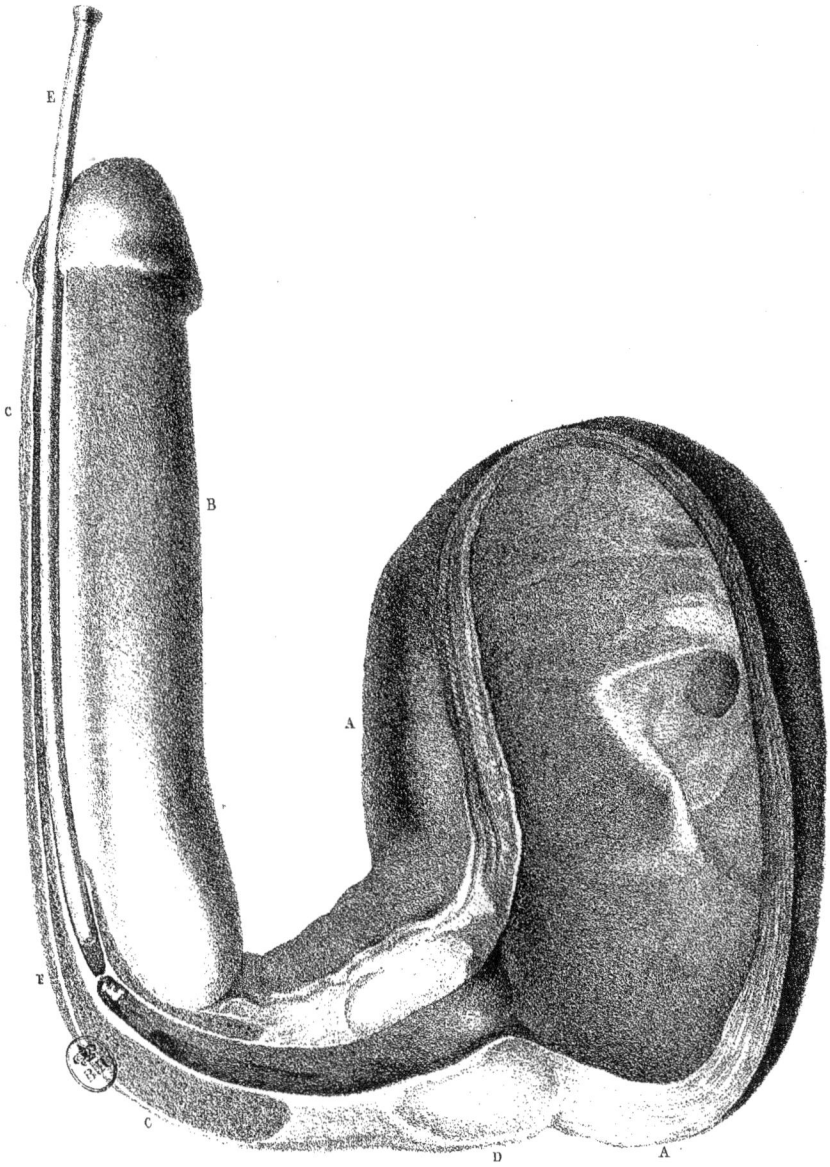

Pl. 13.

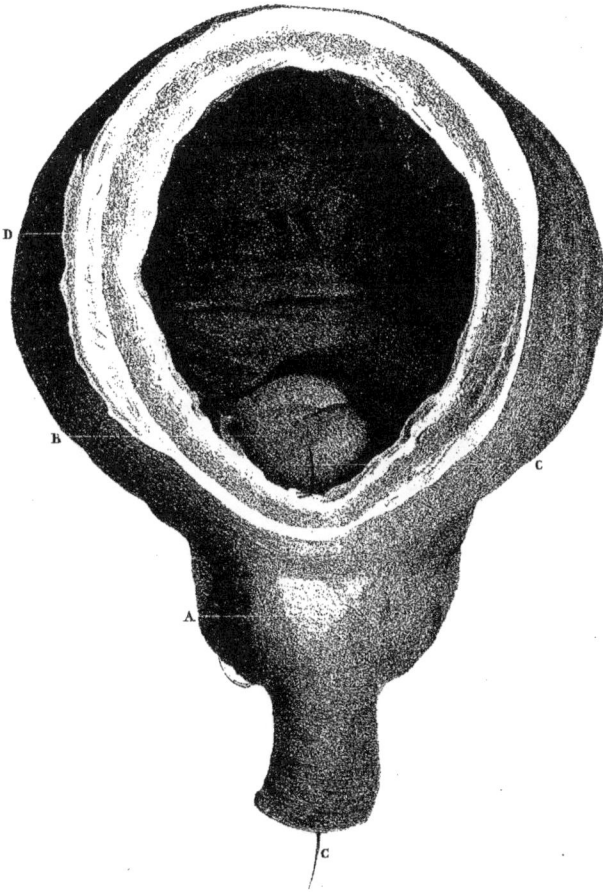

Imp. Lith. de Fourquemin.

Pl. 14.

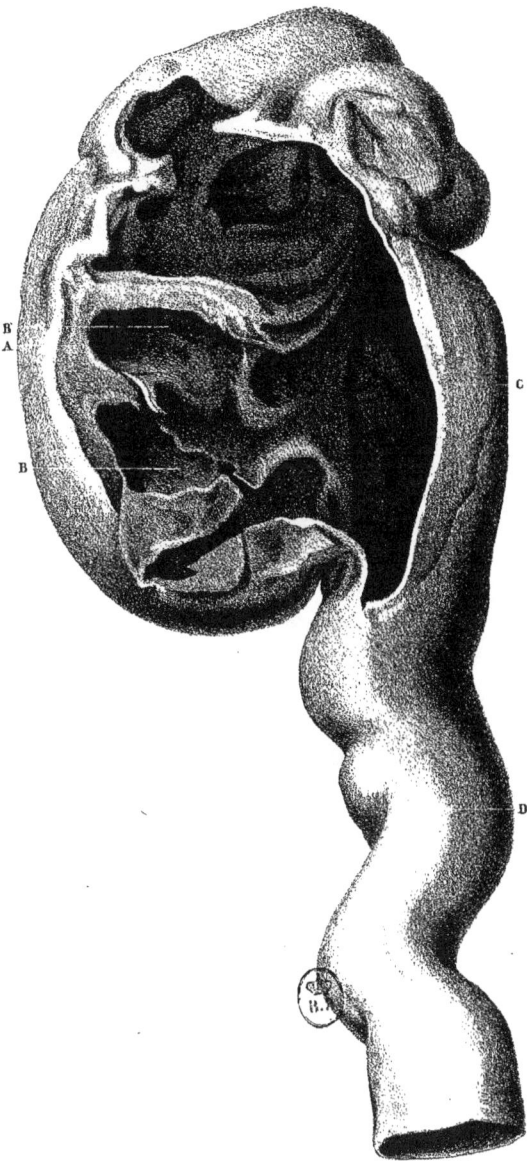

Imp. Lith de Fourquemin.

Pl. 15.

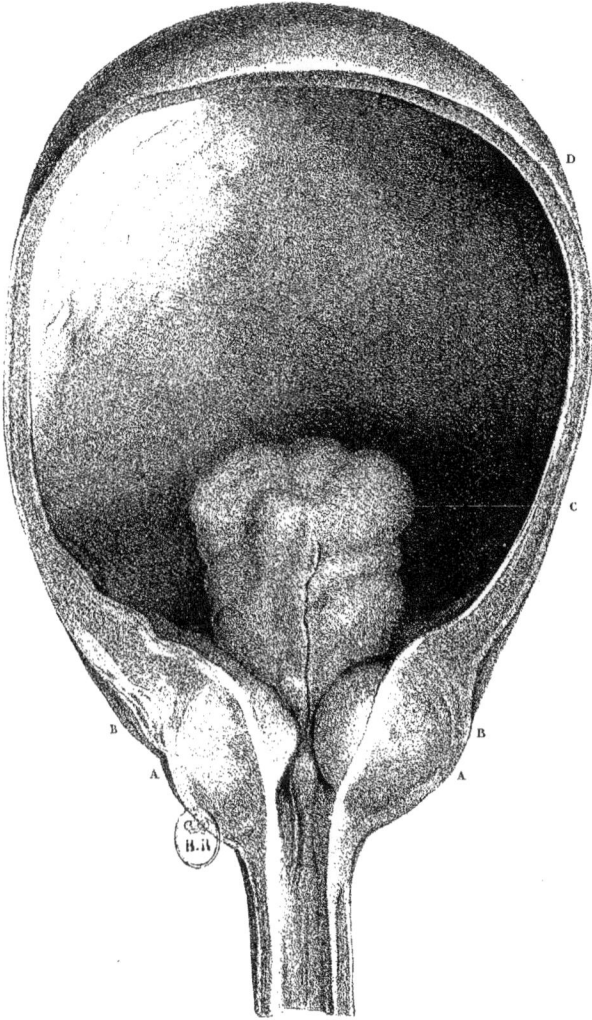

ar Emile Beau   Lith. de Fourquemin.

Pl.16.

Fig.1.

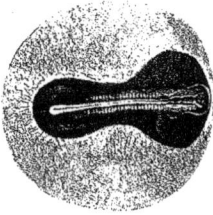

Fig.2.

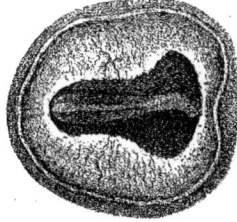

Fig.3.

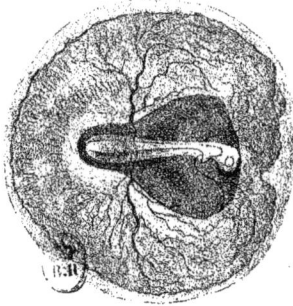

ar Emile Beau

Lith. de Fourquemin.

Pl.17.

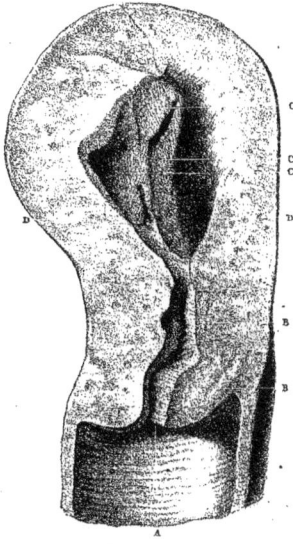

Fig. 1.

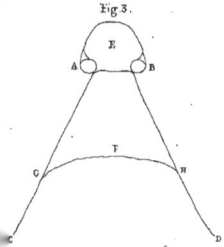

Fig. 3.

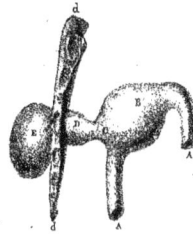

Fig. 4.

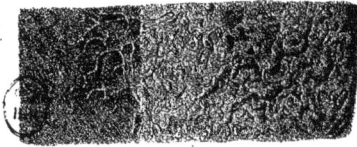

Fig. 2.

r Emile Beau
Lith. de Fourquemin.

Pl. 18.

Fig. 2.

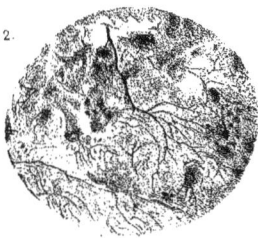

Fig. 1.

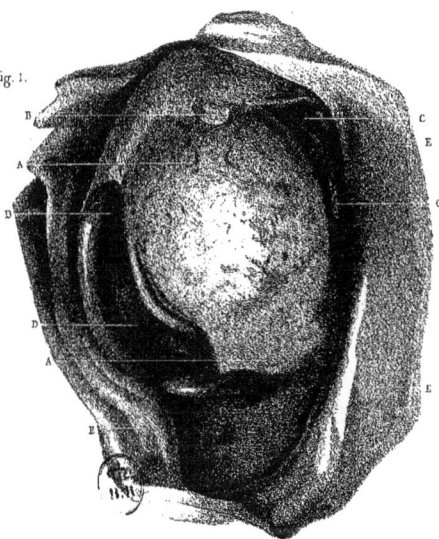

ar Emile Beau

Imp. Lith. de Fousquemin

Pl.19.

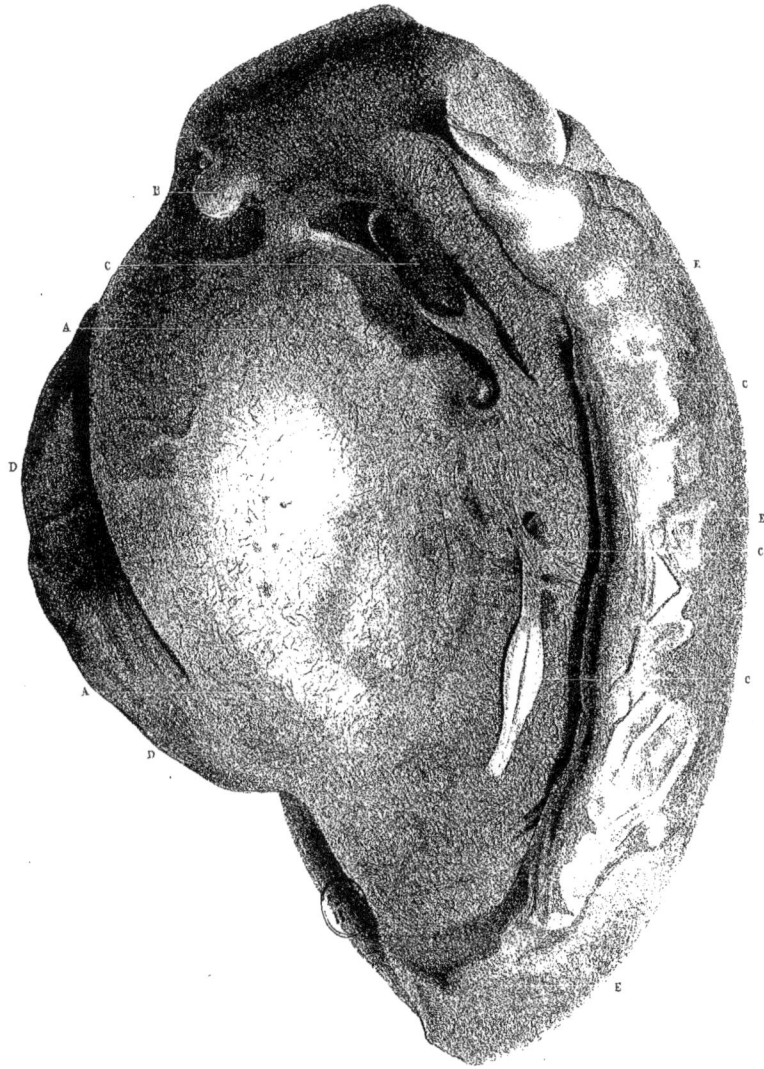

Emile Beau   Imp. Lith. de Fourquemin.

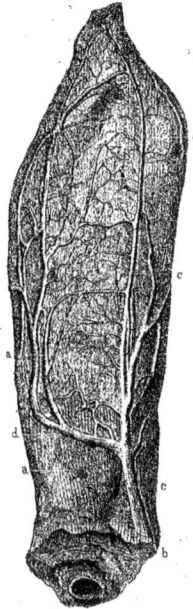

Pl.20.

Fig.3.

Fig.4.

Fig.1.

Fig.2.

Fig.5.   Fig.6.   Fig.7.   Fig.8.   Fig.9.   Fig.10.

ar Emile Beau   Lith de Fourquemin.

Pl. 21.

Fig 1

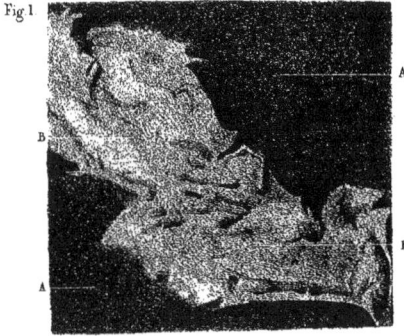

Fig. 3.

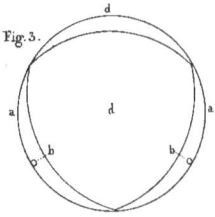

Fig. 5

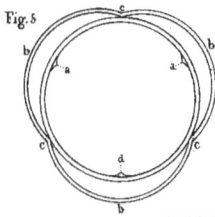

Fig. 4.

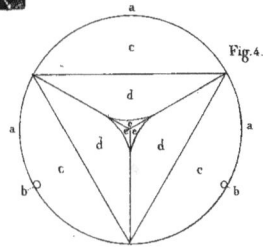

Fig. 2

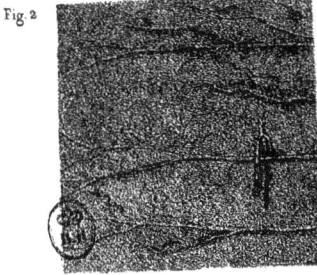

Fig. 6.

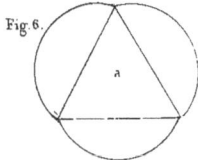

par Emile Beau Lith. de Fourquemin

Pl. 22.

r Emile Beau.

Imp. Lith. de Fourquemin.

Pl.23.

ar Emile Beau.   Lith. de Fourquemin.

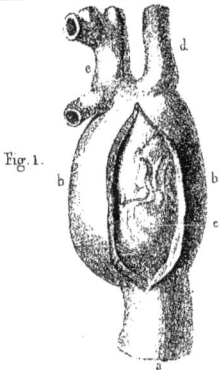

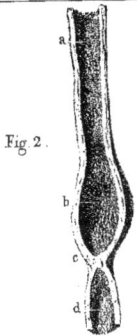

Pl.24.

Fig.1.

Fig 2.

Fig. 3.

Fig. 4.

par Emile Beau

Lith. de Fourquemin

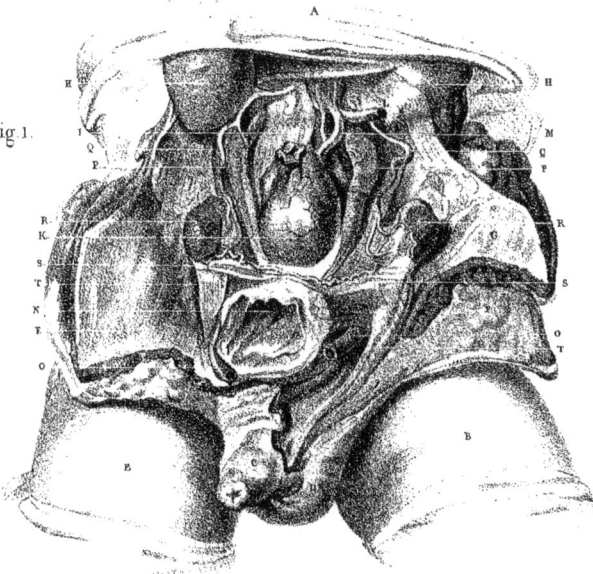

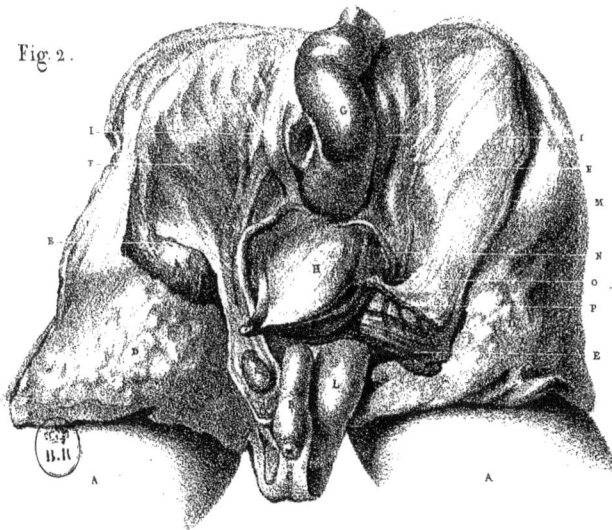

Pl.25.

Fig.1.

Fig.2.

Pl. 26.

Fig. 3.

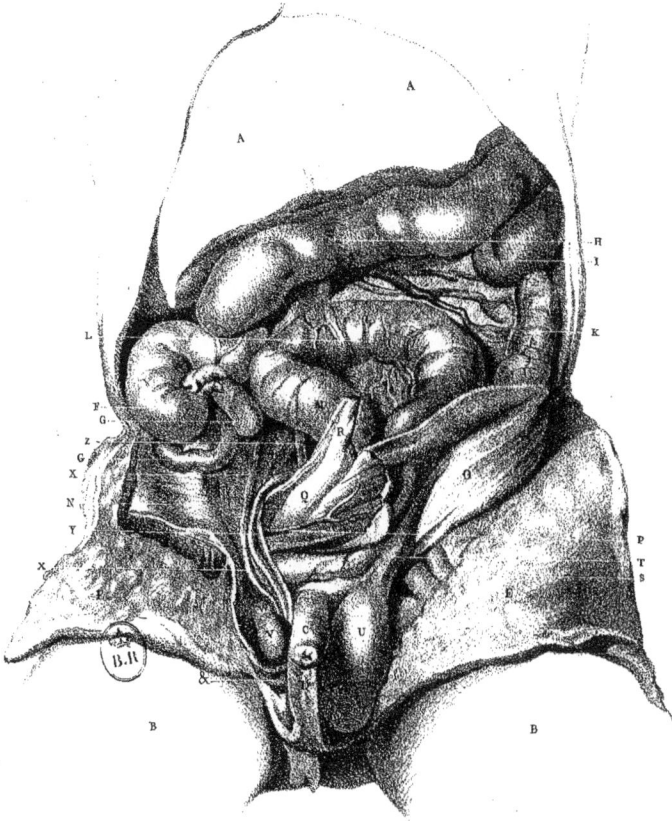

inté par Emile Beau.

Lith. de Fourquemin

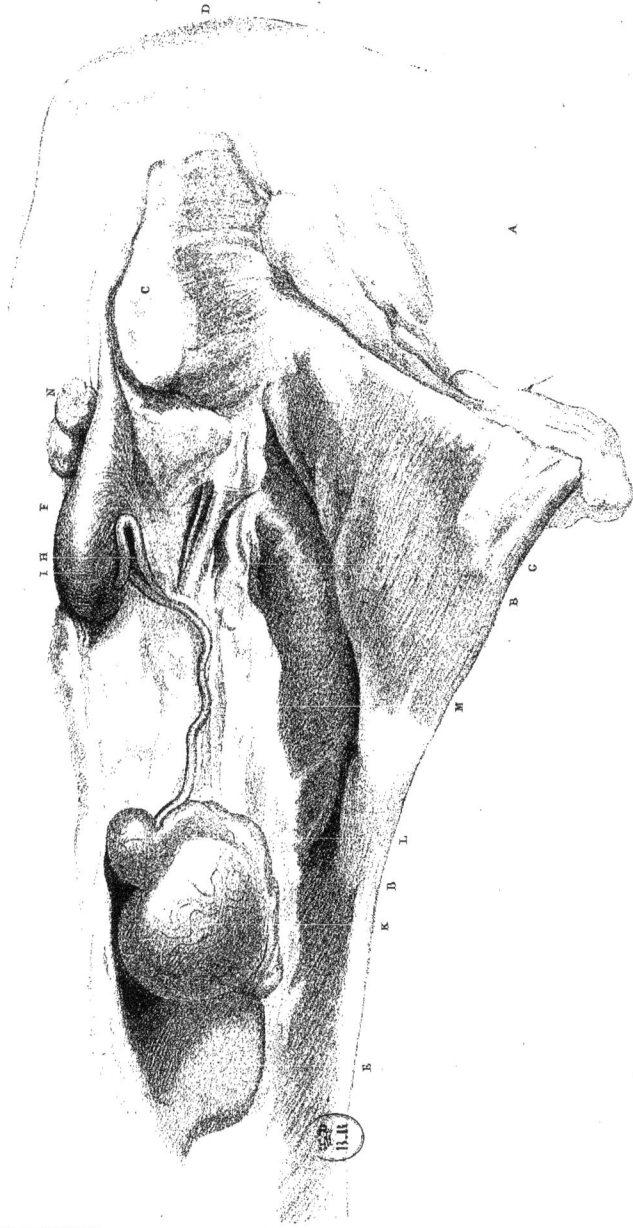

Lith. par Emile Beau.

Lith. de Fourquemin.

Pl.27.

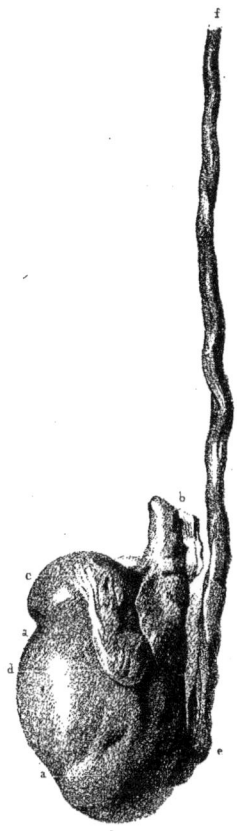

Fig. 1.

Fig. 2.

Émile Beau   Lith de Fourquemin.

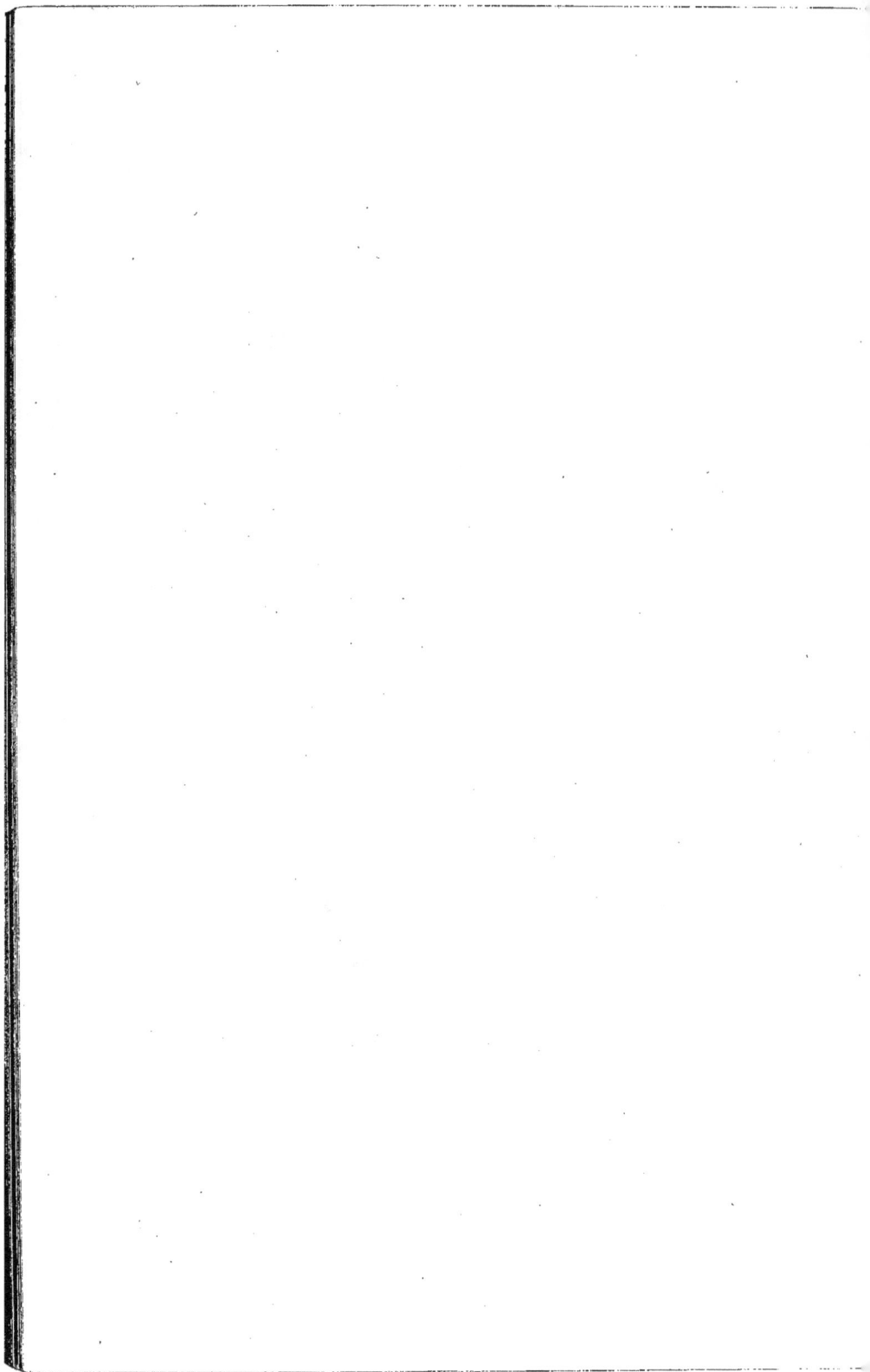

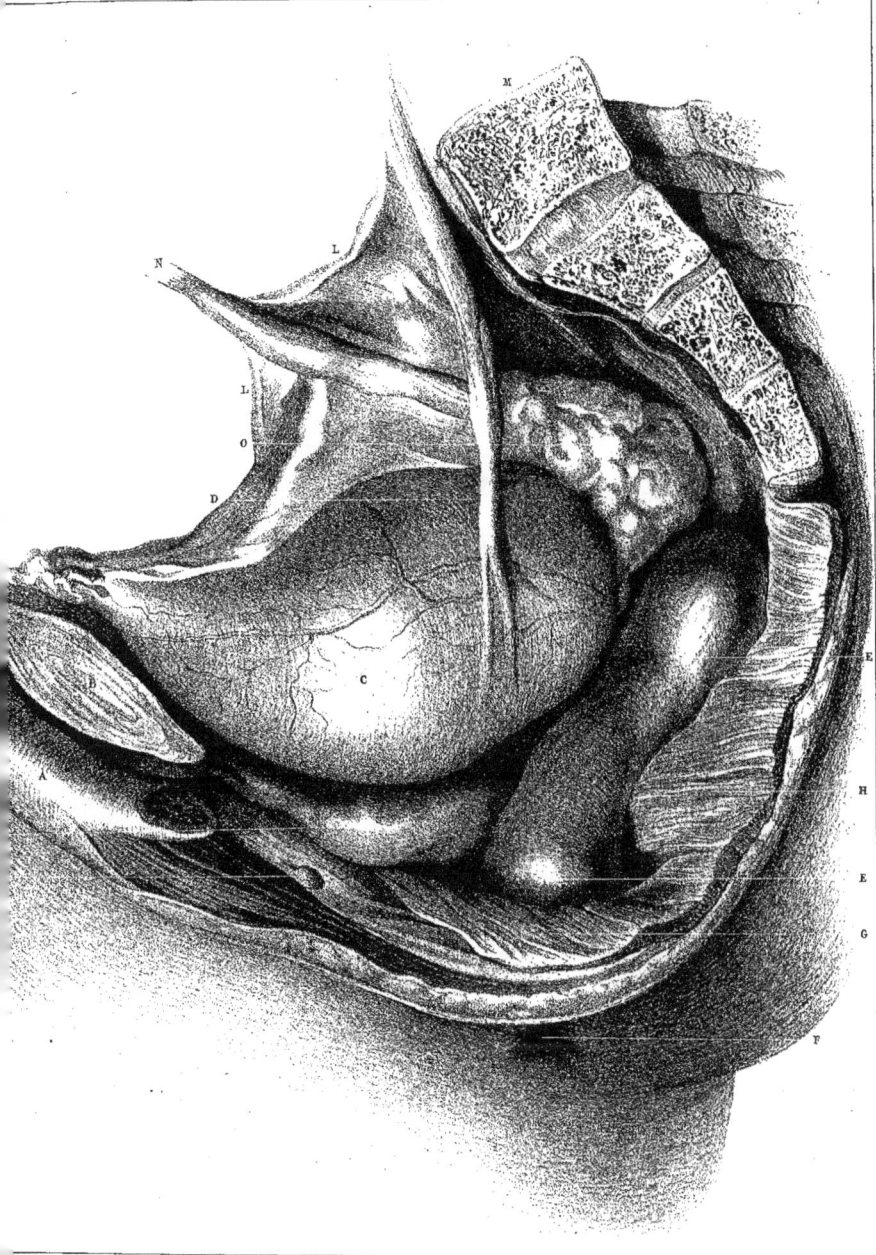

Pl. 28.

M

N

L

L

O

D

B

C

A

E

H

E

G

F

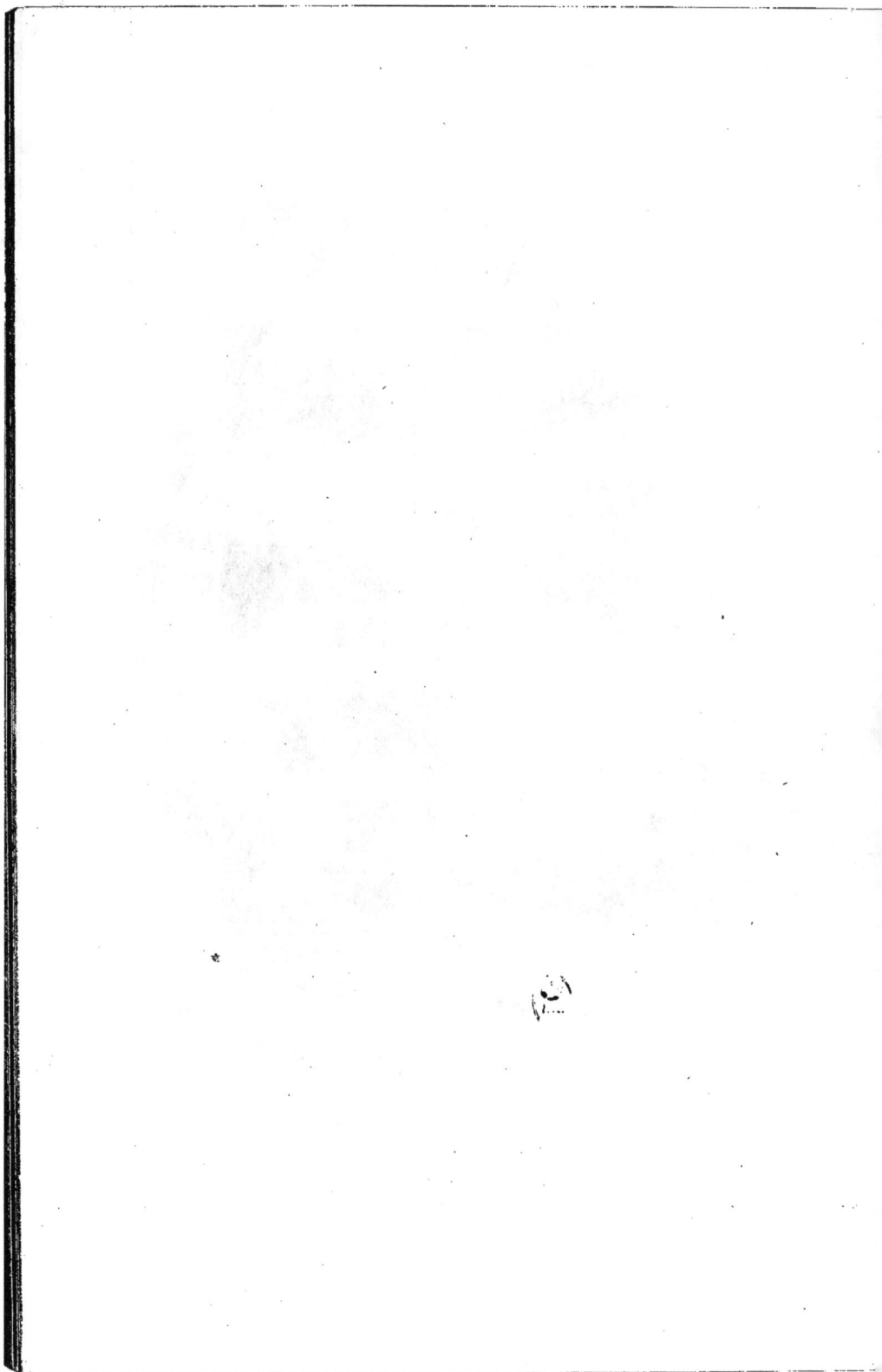

Pl. 29.

1. *Janvier.*

2. *Milieu de Février*

3. *Commencement de Mars.*

4. *Fin de Mars*

5. *Milieu d'Avril.*

B.R

Lith. de Fourquemin.

Lith. par Emile Beau

Pl. 31.

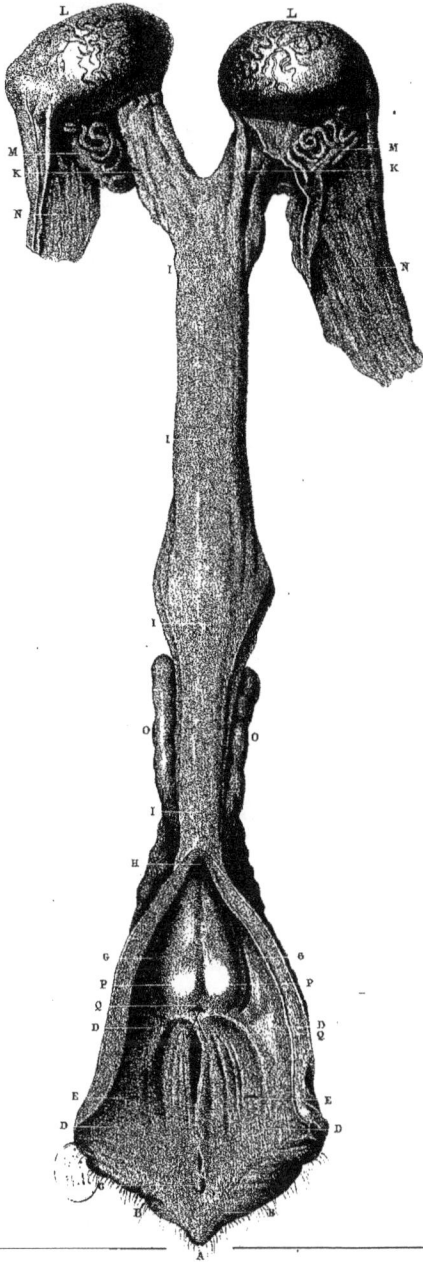

par Émile Beau.

Imp. Lith. de Tourquerain.

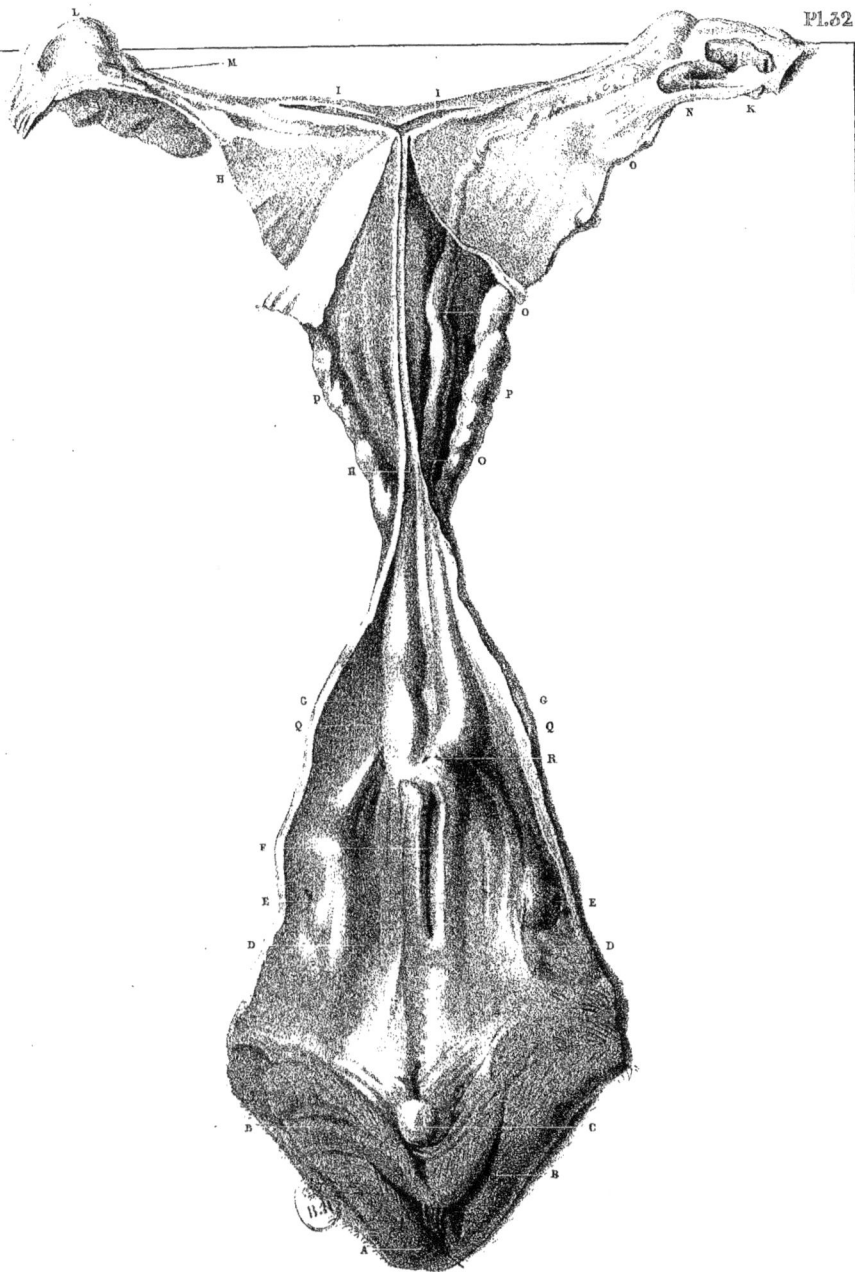

Pl.32

L

M

I   I
MOR

H

N
K

O

O

P   P

R   O

G   G
Q   Q
R

F

E   E

D   D

B   C

B

A

Pl.33.

Emile Beau   Lith. par Fourquemin.

Pl.34.

Fig. 1.

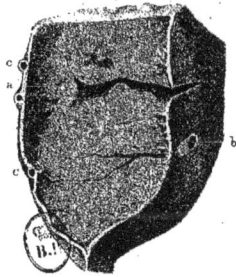

Fig. 2.

Emile Beau

Lith. de Fourquemin.

Pl.35.

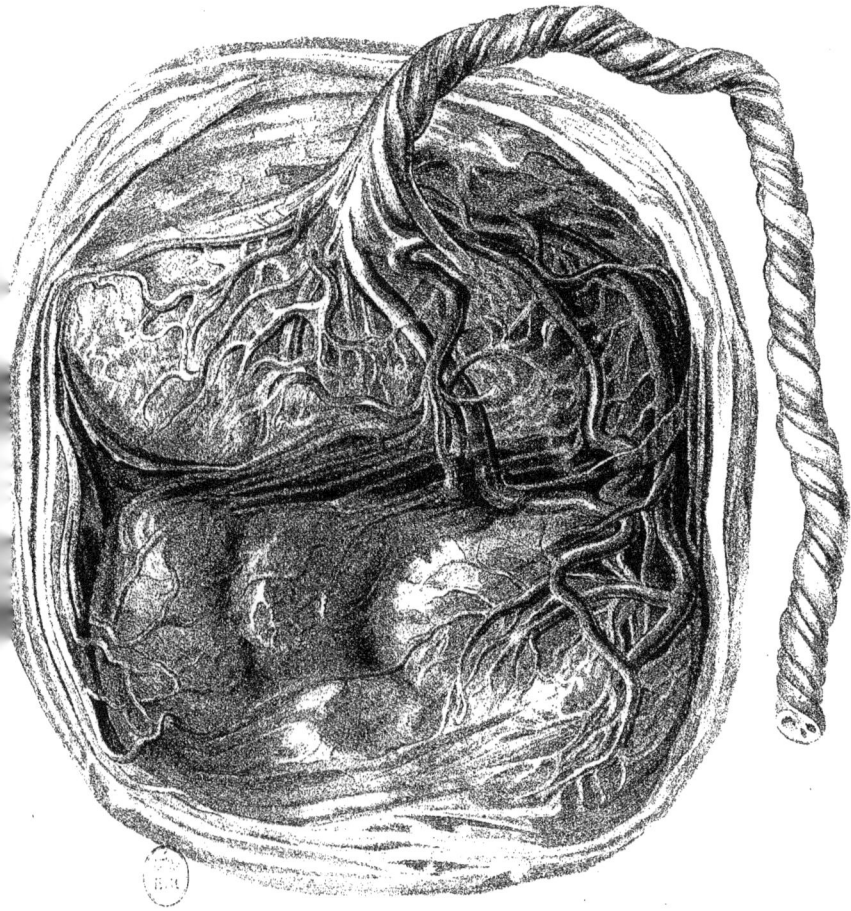

Pl. 36.

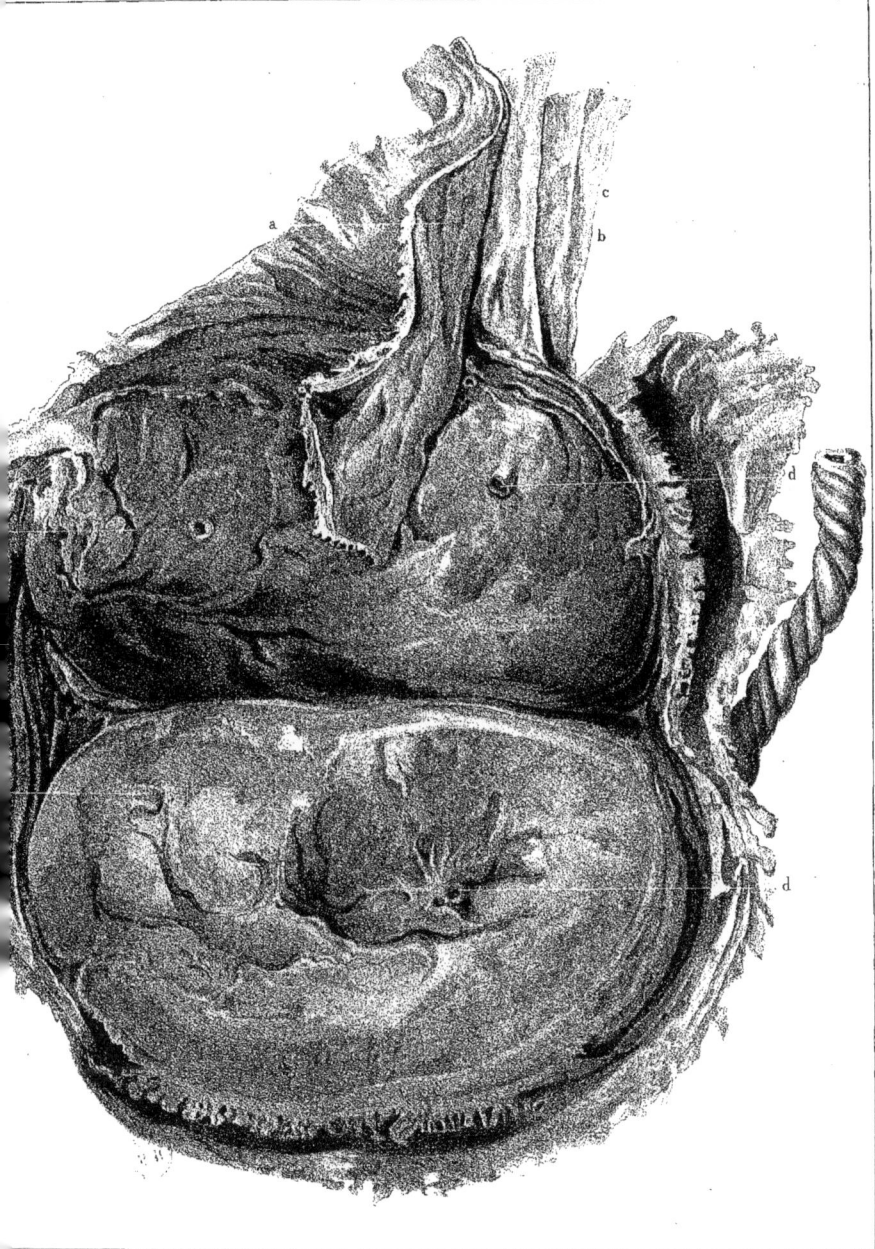

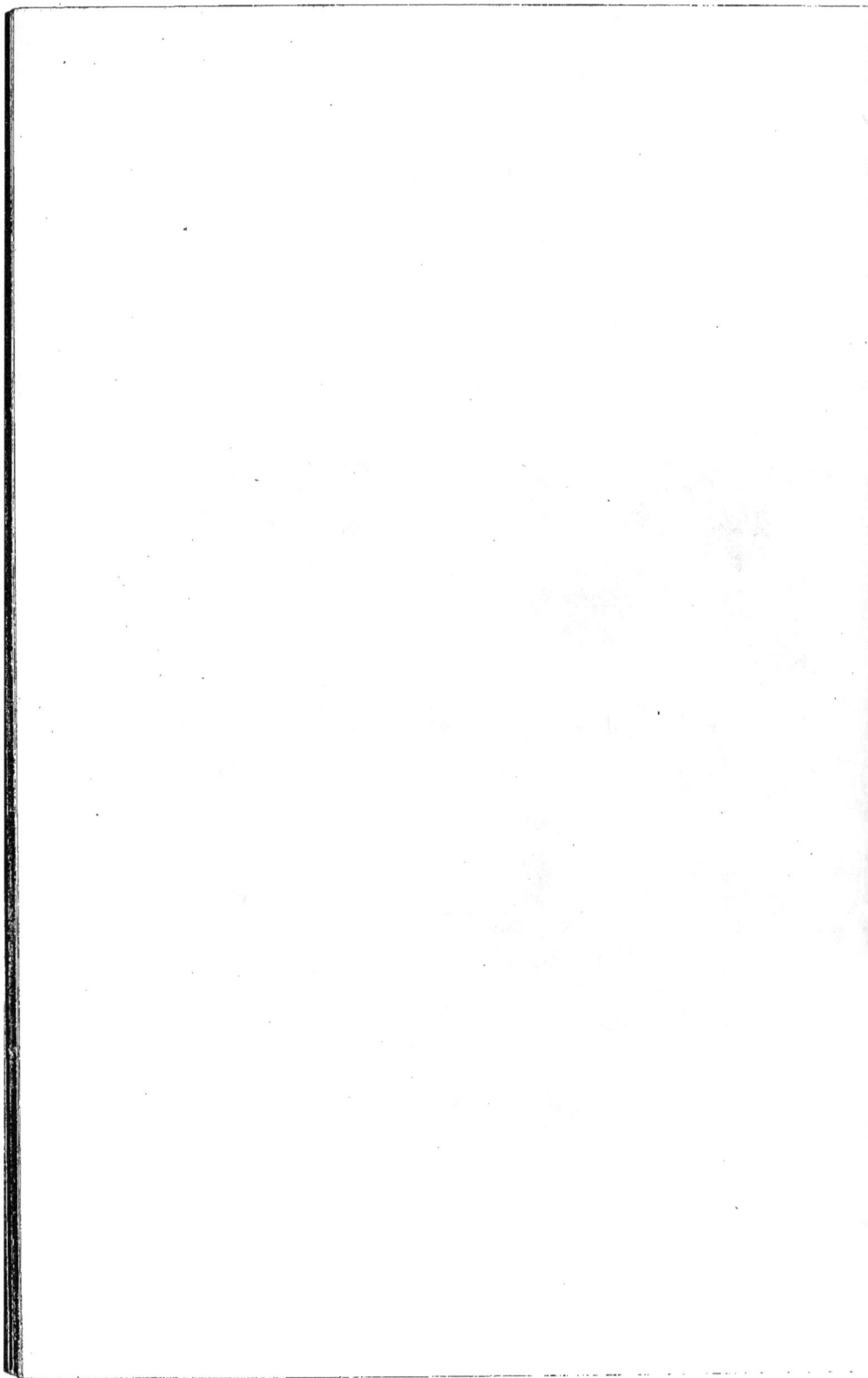

Pl.37.

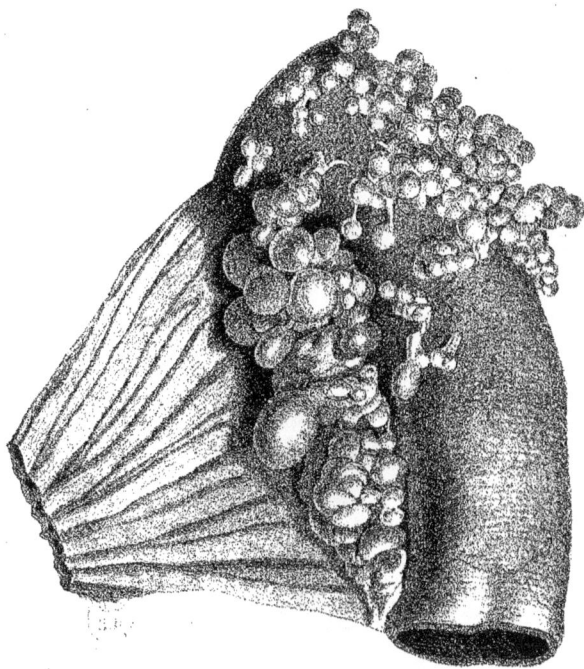

ar Emile Beau
Lith. de Fourquemin.

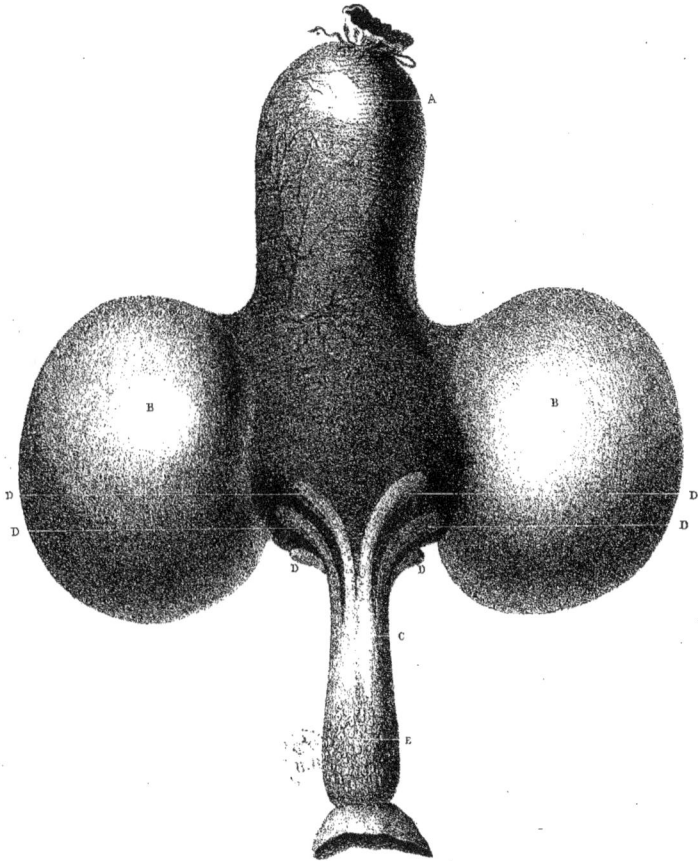

Pl.38.

par Emile Beau   Imp. Lith. de Fourquemin.

Pl.39.

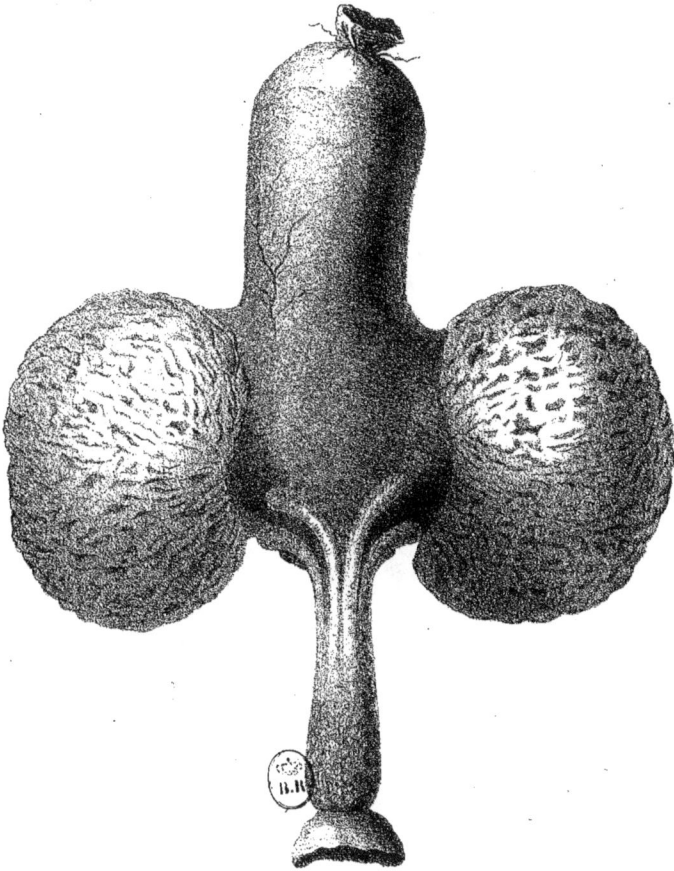

ile Beau

Imp. Lith de Fourquemin

Pl.40.

Fig. 1

Fig. 2.

Emile Beau

Lith. de Fourquemin

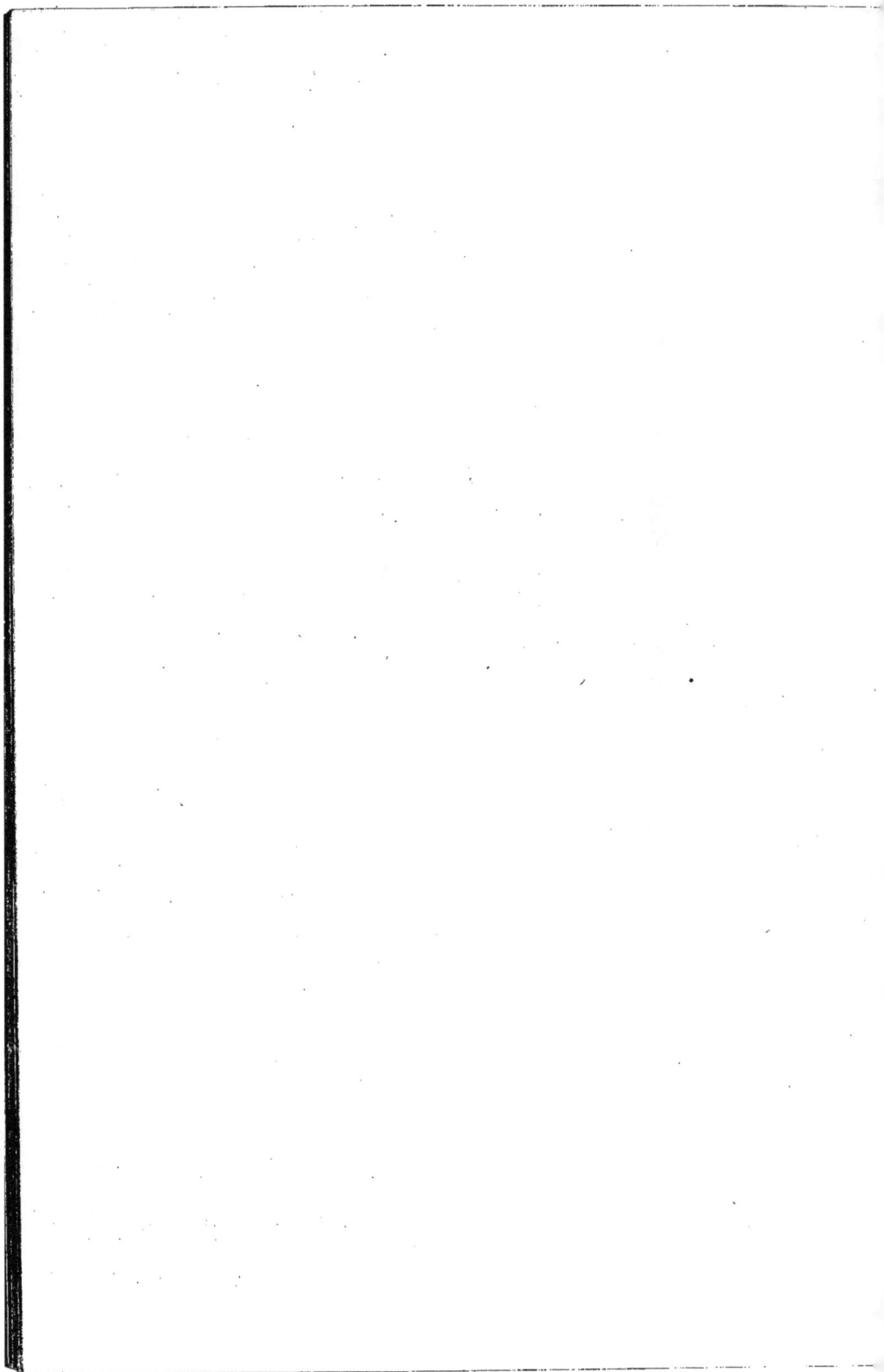

Pl.41.

Emile Beau   Lith. de Lourquemin

Pl. 42.

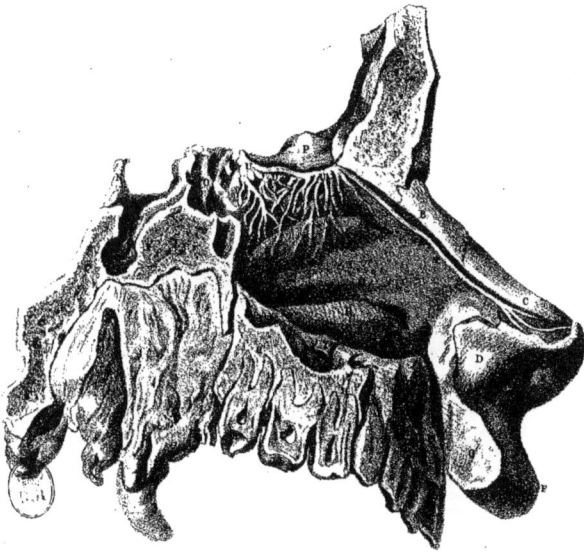

Pl.43.

Fig.1.

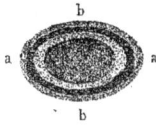

Fig.2.

ar Emile Beau.

Lith. de Fourquemin

Phocœna orca.

Lith. par Emile Beau.

Imp. Lith. de Fourquemin.

Phocœna communis.

Lith. par Emile Beau.

Imp. Lith. de Fourquemin.

Fig. 1.

Fig 2

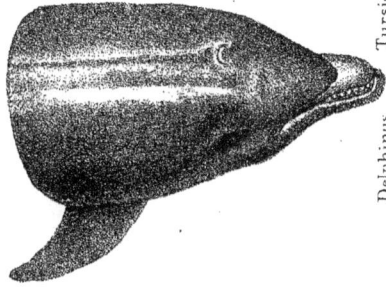

Delphinus   Tursio.

Lith. par Emile Beau

Imp. Lith. de Fourquemin.

Hyperoodon · bidens

Imp.Lith. de Fourquemin

Lith par Emile Beau.

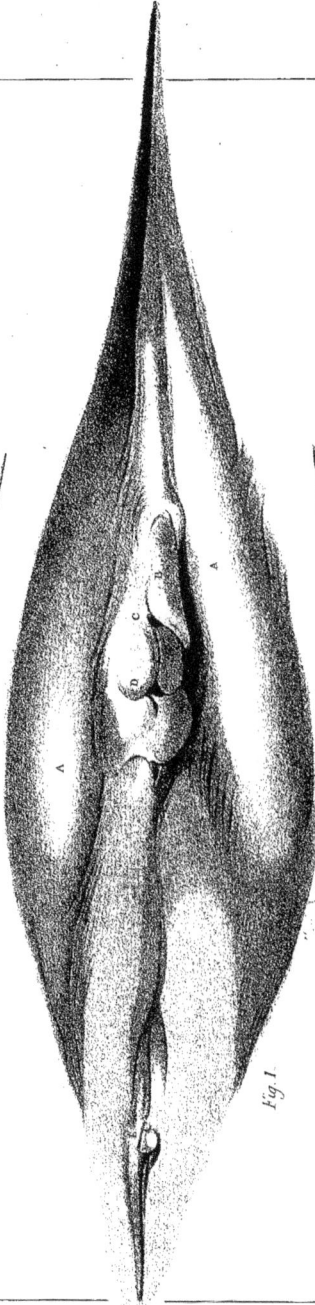

Fig. 1.

Fig. 2.

Fig. 3.

Fig. 4.

Fig. 5.

1 pied 3 pouces.

Lith. par Emile Beau

Imp. Lith. de Fourquemin.

par Emile Beau

Lith.de Fourquemin

Pl.51.

Fig. 2.

Fig. 1.

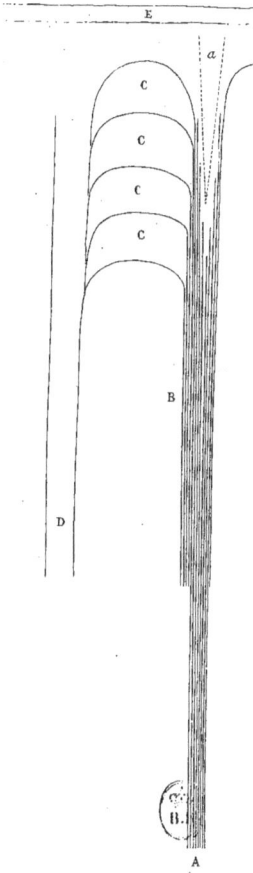

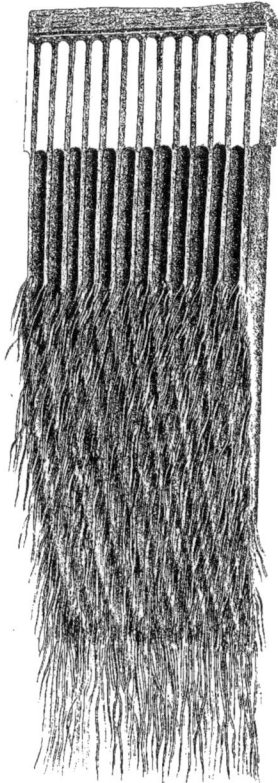

Lith. de Fourquemin

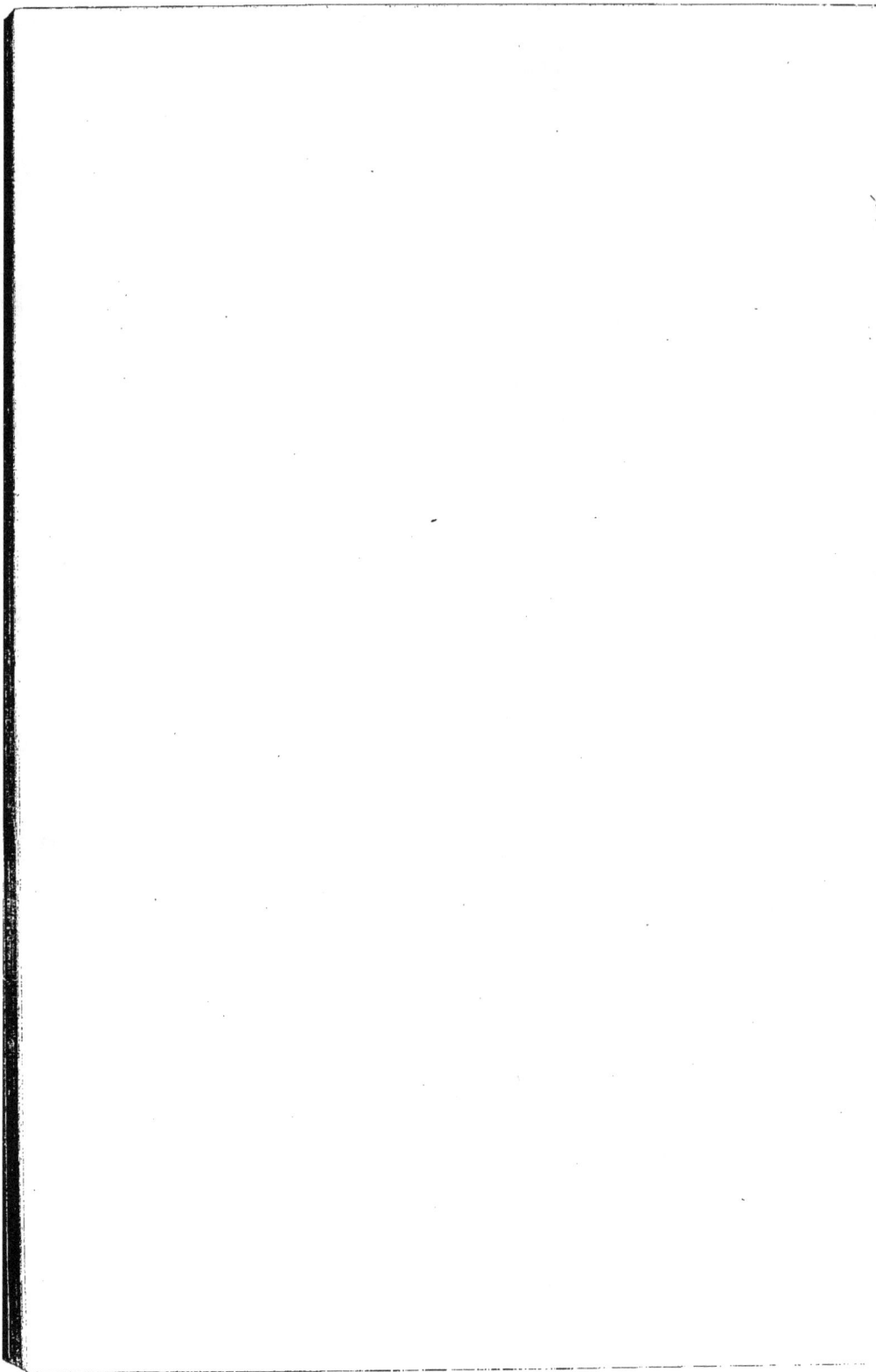

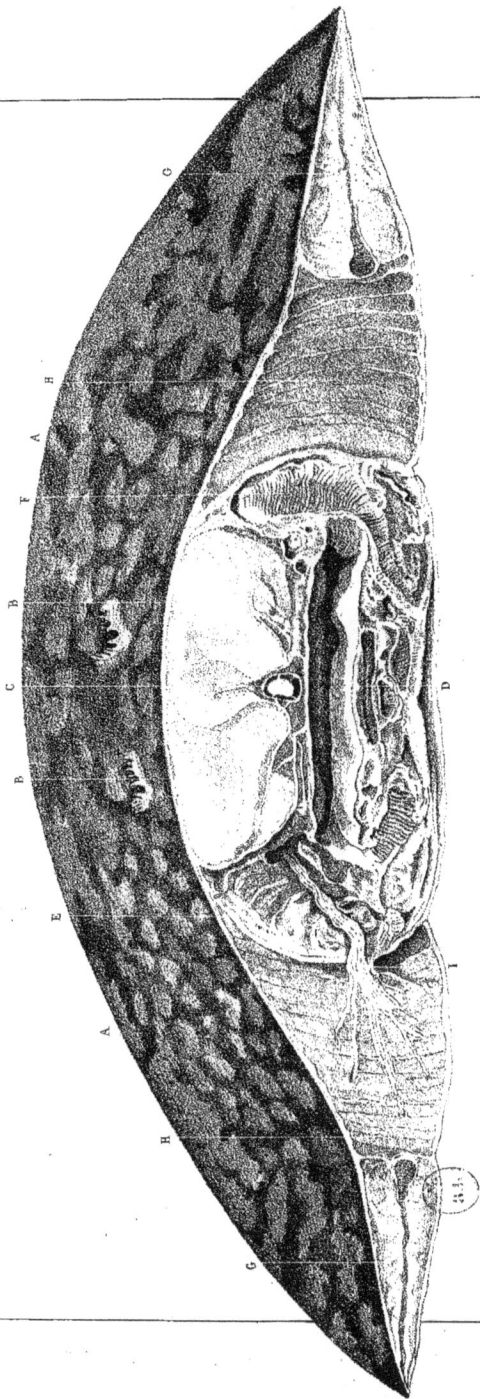

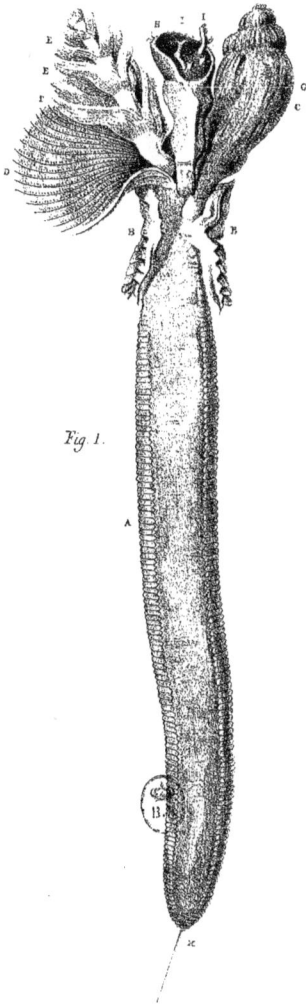

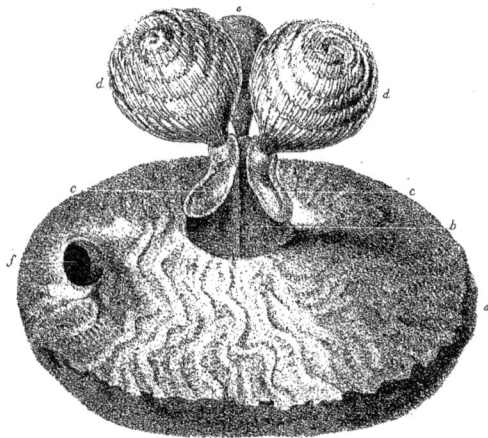

Pl.58.

Fig. 1.

Fig. 2.

th. par Emile Beau

Imp. Lith de Fourquemin

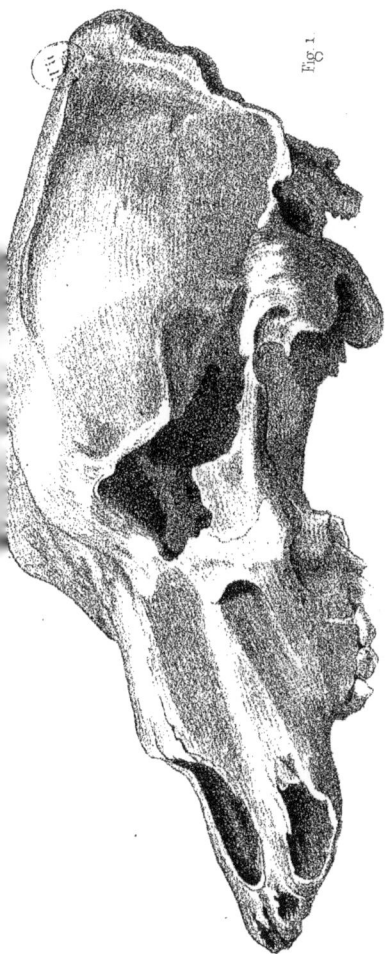

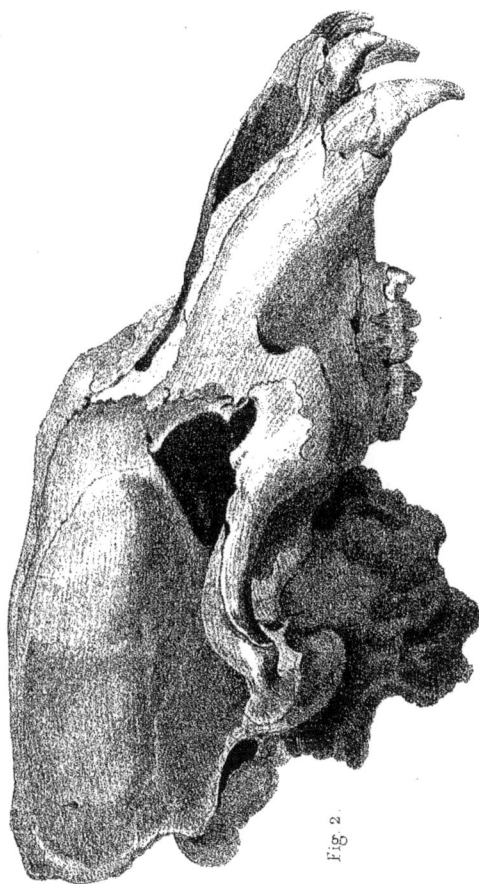

Fig 1.

Fig 2.

Lith. par Emile Beau   Lith. de Fourquemin.

Pl.60.

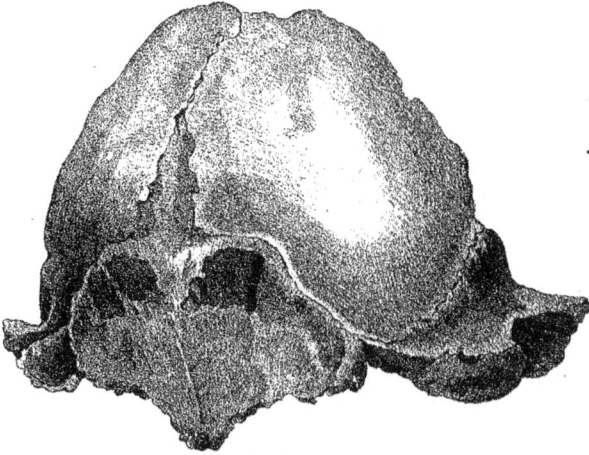

Fig.1.

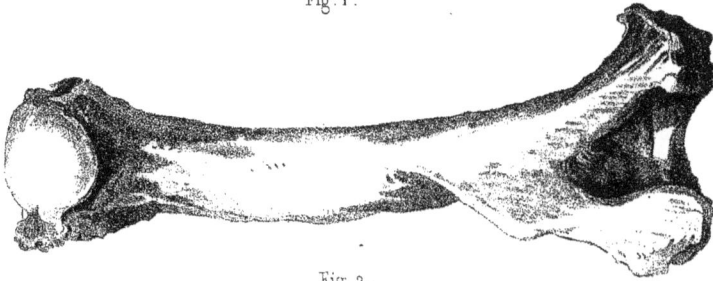

Fig.2.

Lith par Emile Beau   Lith.de Fourquemin.

Pl.61.

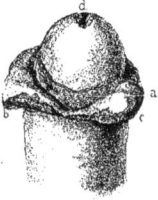

Fig.3.

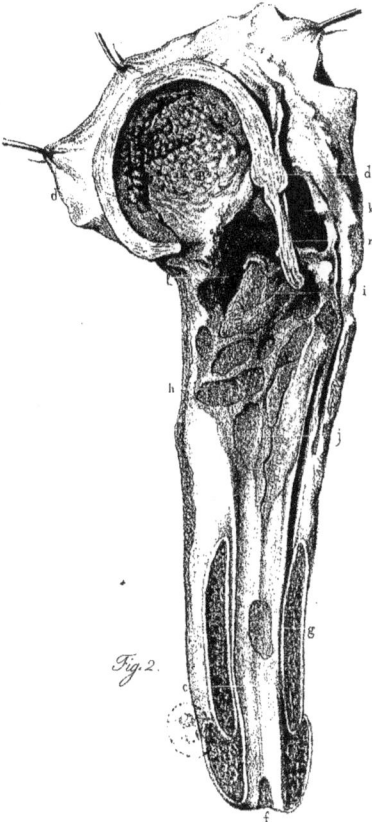

Fig.2.

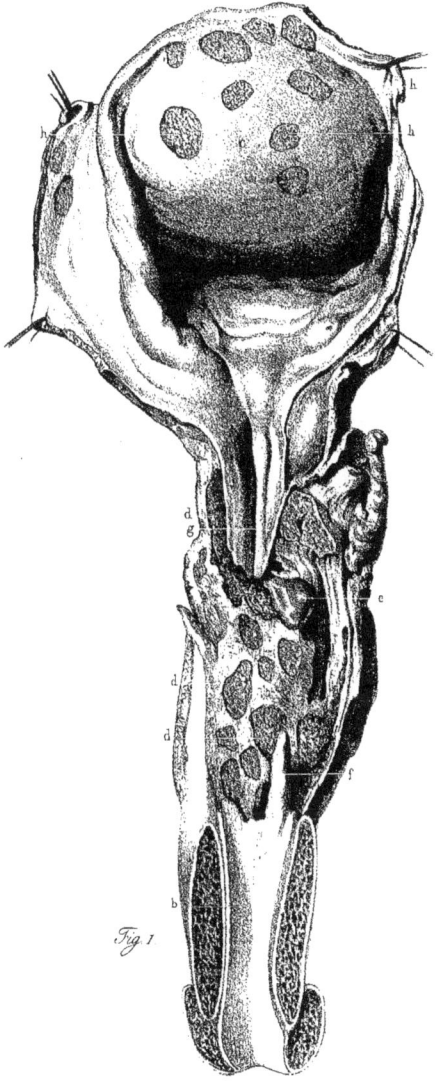

Fig.1.

par Emile Beau   Lith. de Fonquemin

Pl. 62.

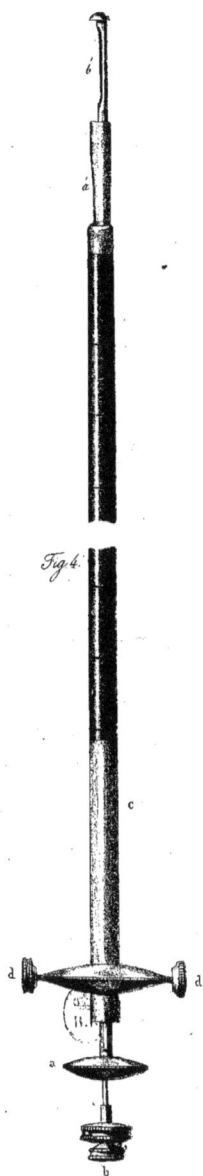

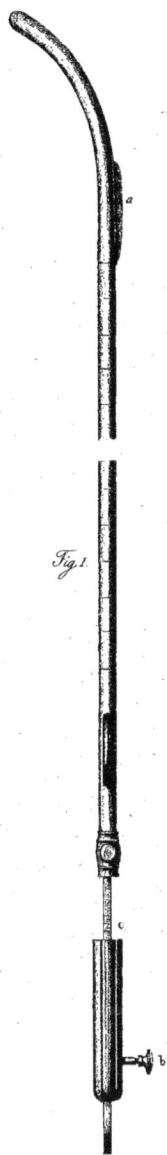

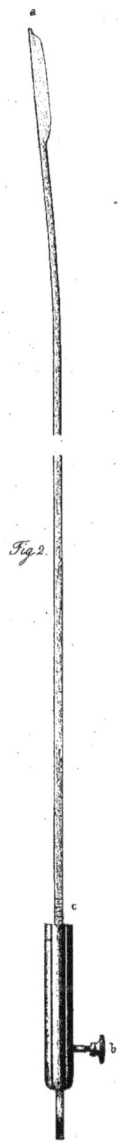

Fig. 4.

Fig. 3.

Fig. 1.

Fig. 2.

par Emile Beau.

Lith. de Tourquemin.

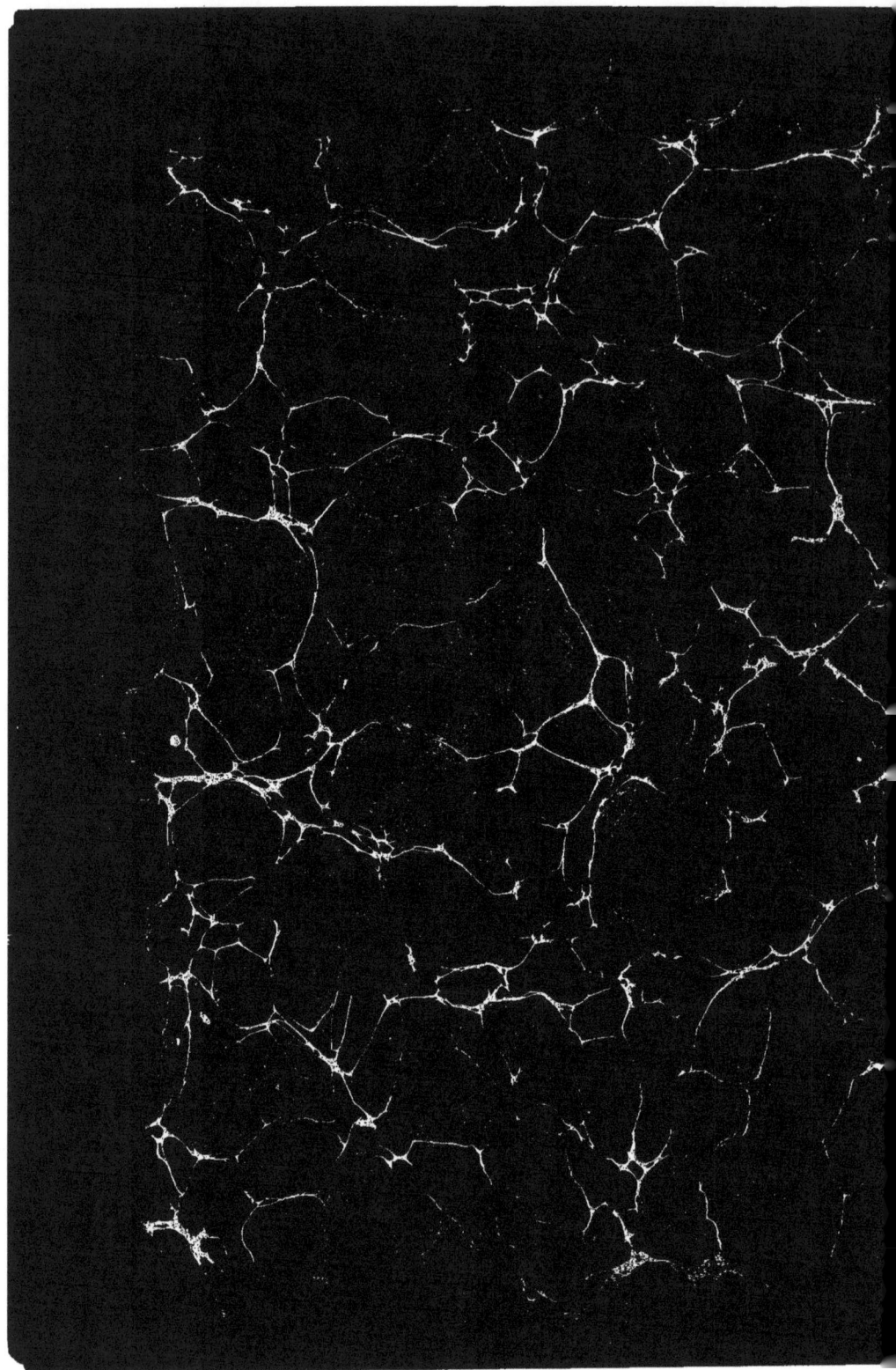

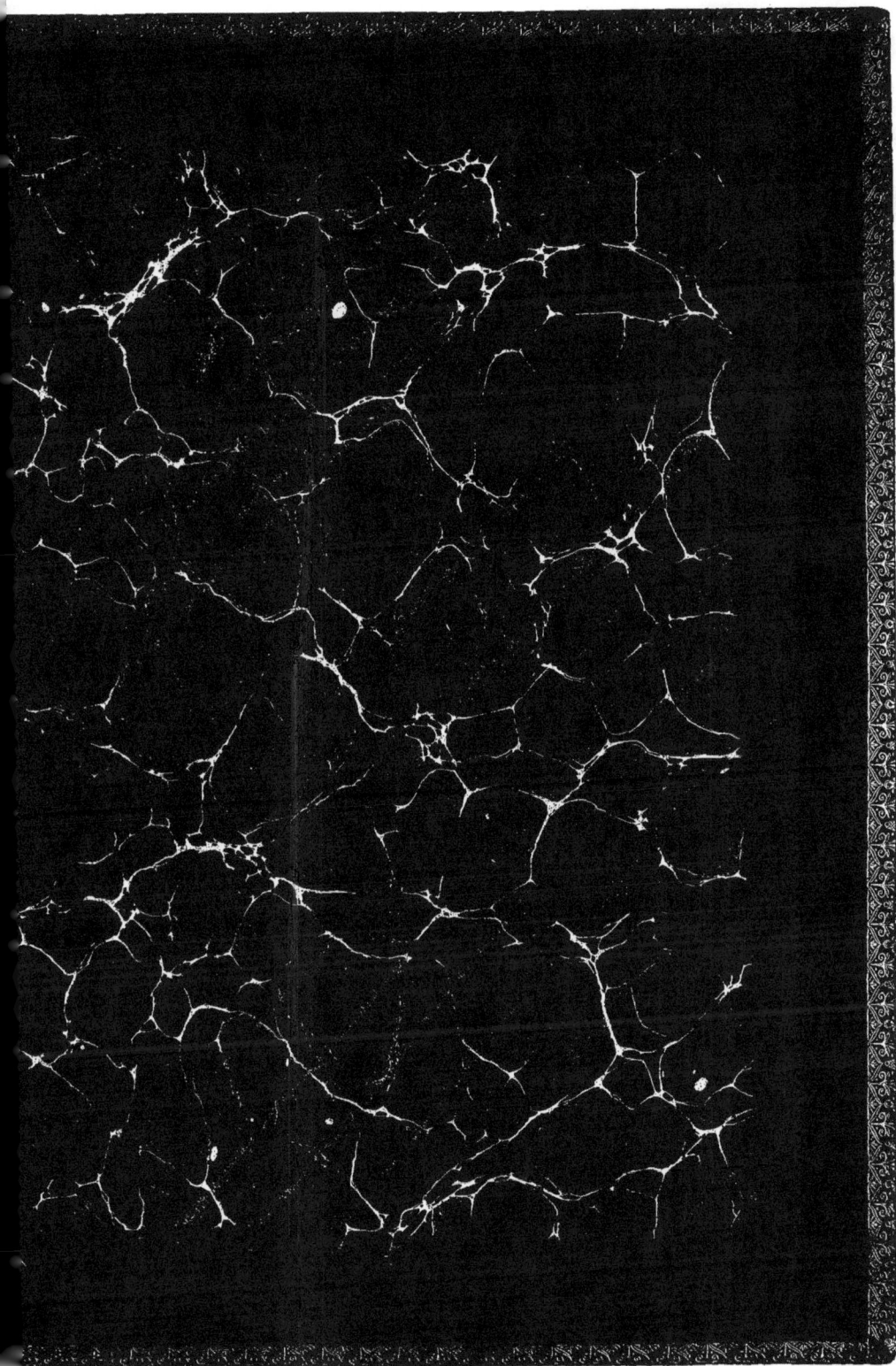